# 微表情心理

## MICROEXPRESSIONS PSYCHOLOGY

甘源 / 编

WUHAN UNIVERSITY PRESS
武汉大学出版社

图书在版编目（CIP）数据

微表情心理 / 甘源编 . —武汉 : 武汉大学出版社，2018.5
ISBN 978-7-307-20197-2

Ⅰ.微… Ⅱ.甘… Ⅲ.表情－心理学－通俗读物 Ⅳ.B842.6-49

中国版本图书馆 CIP 数据核字 (2018) 第 098200 号

责任编辑：黄朝昉 许婷　　责任校对：吴越同　　版式设计：薛桂萍

出版发行：**武汉大学出版社**　　（430072　武昌　珞珈山）

　　　　　（电子邮件：cbs22@whu.edu.cn　网址：www.wdp.com.cn）

印刷：三河市德鑫印刷有限公司

开本：880 × 1230　1/32　　印张：9　　字数：160 千字

版次：2018 年 5 月第 1 版　　2018 年 5 月第 1 次印刷

ISBN 978-7-307-20197-2　　定价：42.00 元

## 教你看懂微表情

在公司的内部会议上，领导表情有异，你能猜出领导的心声吗？你想知道领导的心声吗？你能准确揣测出领导的心理状态吗？

在商务的谈判桌上，谈判对手全程一张"扑克脸"，脸上什么表情都没有，你想知道谈判对手的心声吗？你能根据他们的微动作、微反应来准确揣测出他们的心理活动吗？

在觥筹交错的饭局上，有人高谈阔论，有人喝酒，有人喝茶，你能知道他们哪句话是真，哪句话是假吗？

在风云诡异的商场中，要与陌生商业伙伴合作，你了解对方的底细吗？你能从对方的微表情中看出他是不是可靠吗？

……

正如荣格的人格面具理论所说，"一个人公开展示一面，是为了塑造一个更好的形象"。换句话说，我们每天在社会中见到的形形色色的人，都是戴着"人格面具"的人，你真的确信自己认识他们吗？真的认识他们最真实、最赤裸的一面吗？

微表情心理学无疑能很好地帮助我们解决这些问题。从专业心理学角度来说，微表情是人类大脑的一种边缘行为，这些细微的小动作或表情几乎不受大脑主观意识的控制或很少受控制，因此它们所传达出来的信息是非常真实的，比如"眼神"很难骗人，瞳孔的大小变化也无法通过意识来改变，尽管这些信息非常细碎，但它们胜在真实，在现实生活中这些信息可以反映出人的真实意图。

在弗洛伊德看来，人类的行为并非由理性思维所主宰，而是由原始欲望等组成的潜意识来控制。潜意识是不受大脑控制的，它像个调皮的孩子般常常会通过口误、某些习惯性的小动作、不经意之间的微表情等出来"晒晒太阳"，而这恰恰为我们看穿对方提供了一个非常好的契机。

"任何人都无法保守他内心的秘密。即使他的嘴巴保持沉默，但他的指尖却喋喋不休，甚至他的每一个毛孔都会背叛他。"一个人只要有想法、有企图、有动机，其眼神、动作中就会有相应的反应。

可是，我们不是 FBI 的警察，也不是专业的心理学者，作为一个没有任何心理学背景基础的人，真的能像专业人士一样看懂人类的"微表情密码"吗？答案是肯定的，实际上学习微表情心理学，并没有我们想象的那么困难。

本书从面部微表情、肢体动作、言谈、姿势、习惯、兴趣、服饰、行为和饮食共九个方面非常详细地介绍了不同"微表情"背后的心理意义，可以引导我们轻松读懂"微表情"。

俗话说"读万卷书不如行万里路，行万里路不如阅人无数"。我们要想真的做到识人无数、知人知面也知心，就一定要掌握微表情心理学的知识。笔者相信广大读者能够在学习微表情的同时，在本书中总结出属于自己的识人心理秘诀。

# 目 次
Contents ∎

# 第一章 表情浮世绘：知人知面还要知心

# *1* 面部表情真的会说话

人人都想有个好人缘，不过在社交活动中，这并不容易做到。我们可能恰巧说了不适当的话，可能一时没有顾及对方的感受，可能搞错了对方的意思……在与人进行交往时，学点表情解读术无疑是一件非常必要的事情。

如果能看懂他人的表情，我们就知道哪些话是适当的、可以讲的，哪些是不合时宜的、最好不要开口的。如果学会了察"颜"观色，看懂了对方行为的态度和目的，那么，我们就能在最合适的时机做最有效的事情，并在社交活动中拔得头筹。微表情心理学，就像一把心灵的钥匙，只要我们握有它，就能够轻松打开他人的心理之门，走上好人缘的社交之路。

那么，通过表情是否真的能知晓对方的心事呢？在美剧《别对我说谎》中，表情专家莱特曼博士就拥有这样的"技能"，他可以通过一个人的面部表情，准确判断出对方的内心活动，借助这一"技能"，他还帮助警察破获了一次恐怖袭击案件。实际上莱特曼博士所做的事情很简单，他简单问了嫌疑人几个问题，虽然对方没回答，但他还是通过嫌疑人脸上的表情准确判断出了炸弹的安放地点，并最终阻止了嫌疑人的犯罪活动。

事实上，这种通过"微表情"识人心的技能并非是美剧中的夸张表现手法，而是有着科学、客观的心理学依据。简单来说，通过表情识人心完全是可行的、可信的、可靠的。

大多数心理学家认为，一个人身上最能反映心理的地方就是人的面部表情。面部表情是人的内心世界的直接流露，是一个人内心世界变化的外在体现。不同的面部表情可以传达出不同的情绪、不同的心理状态，甚至想法、动机、情感倾向等内心隐私。只要我们能够熟练地读懂一个人的面部表情，那么深入揣摩他人的心态和意图将成为可能。

不过，想要在瞬间通过面部表情看懂人心并不是一件简单事。20 世纪中叶，美国的一名著名心理学家曾做过这样一个实验：

该心理学家带领自己的助手，一起抓拍各类人的各类表情，他们的足迹遍布城市街头、各类交际场合，所抓拍的表情也是千姿百态，有愤怒、大笑、害怕、迷惑、平静、好奇、幸福、惊讶、悲伤、开心、恐惧等。

完成了大量表情的抓拍工作后，心理学家专门从社区里请来了一批普通观众，并把事先拍好的各类表情照片摆在他们面前，让他们判断每种表情背后所对应的心理状态。

尽管这些表情都非常常见，但令人惊讶的是，参与这个实验的普通观众能够猜对的居然不到三成，不少人把平静误认为幸福，又将喜极而泣误认为悲伤。

这个实验说明了一个道理，要想通过表情准确看懂人心，仅仅凭借自己的直觉是远远不够的，还要掌握一定的心理学专业知识，只有这样我们才能提高识别表情的准确率。

人的面部表情会说话：开心大笑时嘴角会上扬、眼睛会缩小；焦急时眉头会紧皱；感到意外或惊讶时，眉毛则会上扬、眼睛大睁……面部表情就像一个缩小的心理展示屏，透过表情往往能够看到对方的内心活动。不过需要注意的是，并不是所有表情都是内心活动的直接表达，有些表情的出现也可能是为了掩饰或因为某种目的特意而为之。比如，内心明明非常惊讶，但脸上却故作平静；明明很蔑视对方，但脸上却是笑意盈盈……

因此，这也就要求我们必须掌握更专业的心理学知识，清楚识别哪些表情是内心的直接表达，哪些是"掩饰类"表情。

生活在如今这个竞争激烈的社会中，不管我们从事什么职业，需要接触哪些人，都应该学点微表情心理学，以便通过对方面孔上的表情变化洞悉对方的情绪起伏。

## 2　心灵之窗——眼睛

眼睛可说是脸部最富表情、也最容易泄露秘密的地方——人类深层心理中的欲望和感情，首先反映在眼睛中。眼睛是心灵的窗户，是人体大脑神经的延伸。从生理方面来看，眼睛的角膜是由 1.37 亿个感光异常灵敏的细胞组成，这些感光细胞拥有非常强大的信息处理功能。现代医学研究发现，这些数量庞大的感光细胞可以在任何时间同时处理 150 万个信息，这也就意味着即使我们只是一个转瞬即逝的眼神，也包含着非常庞大的信息量。

那么，为什么眼睛会透露人的心事呢？因为眼睛的瞳孔变化、眼球转动以及眼皮张合等，均是直接受大脑神经支配，也就是说，即便我们下意识地控制自己的行为，眼睛还是会传达出一系列复杂而精妙的眉目之语，这些"语言"直接反映我们的想法和情绪，对于我们探寻他人心底深处的秘密具有非常重要的价值。

眼睛的大小、神色、活动方向等都表达不同的心理状态。所以，读懂人的眼睛便可知晓人的内心状况。在日常的社交活动中，人们可能说谎话，可能通过动作或行为来掩饰自己的真实心理意图，但眼睛则要诚实得多，通过心灵之窗的眼睛来识人心实在是再好不过了。

### 眼睛睁大

在日常生活中，眼睛突然睁大是一种非常常见的眼部"语言"，那么，这种"微表情"究竟代表着什么样的心理意义呢？从专业的心理学上来剖析，眼睛睁大一般有三种心理含义：非常感兴趣、很惊讶或很恐惧。

同样一个"眼部表情"却有三种截然不同的含义，那么究竟如何区分这三者呢？通常我们可以结合脸部的其他特征以及当时的场景和对方眼神所传达出的信息等进行综合判断。

如果对方面带微笑，情绪正面，眼神友善而热情，那么多半表示对正在交谈的话题或看到的物品等十分感兴趣，我们可以就此和对方继续交谈；如果对方嘴巴微张，眉头微皱，甚至惊呼出声"啊""天啊"等，睁大眼睛后又很快恢复到正常神色，那么则表示对方很惊讶；如果是眉毛上扬、双眼突然睁大，面露惊恐，观察瞳孔则呈现缩小状态，整个人神色紧张慌乱，那么多半是看到了什么令人恐惧、害怕的事物。

**眨眼频率**

眨眼是眼睛的一种自我保护动作，可以起到润滑眼球、阻挡灰尘或蚊虫飞进眼睛、缓冲较强光线对眼睛造成的冲击等作用。这是一种极其自然的条件反射，基本上是在人们不知不觉中完成的。有意思的是，眨眼的频率也能反映出一个人的心理状况。

有相关统计数据显示：正常人平均每分钟眨眼十几次。当眼睛遭受病变、发炎或受到疼痛刺激时，眨眼频率通常会加快。如果排除了眼睛的生理因素，依然眨眼次数过多，且大大超过正常水平，那么可以据此判断：对方不是在说谎就是承担着巨大的心理压力。

人们所熟知的美国前总统克林顿，曾经在法庭作证时，眨眼次数就大大超出了平均水平，达到了每分钟92次，对此他曾坦言"压力过大"。

**眼睛紧眯**

正如美国旧金山一家沟通培训机构的总裁凯拉·奥尔特所说：

"当人们反感某些事物时，往往会眯眼睛。"眼睛紧眯是人们在反感情绪下的一种下意识行为，往往与嘴唇紧闭同步出现。如果对方眼睛紧眯，那么很可能对方正在强压怒火或独自生闷气，这时就需要我们反思一下，是不是对对方说错了什么话，还是不经意间触碰到了对方的逆鳞。

**眼睛神色**

眼睛神色即眼神，其所传递出的情感是异常丰富的。眼睛神色专注，且一直没有变动或转移，表示对方内心隐藏着某种不愿意言说的秘密；眼睛神色慌张，看一眼就迅速移开视线，则表示对方不想让他人发现自己对某人或某物感兴趣，如果是出现在男女两性当中，则表明被吸引了，渴望与对方交往，但又因内心惴惴不安而采用了这种"反向作用"的行为方式。

## *3*　永远不会撒谎的瞳孔

在不少影视作品中，我们常能看到这样的情景：医生一手扒开病人紧闭的眼皮，一手持打开的手电筒照射病人的眼睛，并查看病人的反应；或者法医在鉴定某人是否已经死亡时，也会用手电筒照射其眼睛，并观察反应。

那么，医生和法医为什么要看眼睛呢？从眼睛的反应中又能看出些什么呢？实际上，医生和法医所看的并不是单纯的眼睛，他们看的是眼睛中的"瞳孔"。正常情况下，瞳孔在受到外界光线的刺激后，会很明显地出现瞳孔缩小反应，倘若手电筒照射瞳孔还是丝毫没有反应，而是呈现放大状态，那么基本可以判断其临床死亡。

用瞳孔变化来判定死亡与否是医学上的一种常用医疗手段。其实瞳孔变化不仅可以用于死亡判定，还能据此观察真实的内心活动。你想知道如何根据瞳孔变化来洞悉人的内心世界吗？

瞳孔是眼睛的灵魂，是人类内心世界的窗户，它的变化是不受人的主观意识支配的，因此所传达出的信息全部是真实情感的完整还原。所以在社交活动中，我们完全可以通过对周围人瞳孔的观察，来清晰捕捉对方内心的真实想法。

### 瞳孔扩大

瞳孔是一个非常有意思的视觉器官，日常工作时的状态很像一个萌萌的"好奇宝宝"。和婴幼儿相似，瞳孔一旦遇到了大脑感兴趣或觉得兴奋的事情时，就会自动放大直径，以便获得更多的信息。

瞳孔扩大也可能是由于生理上的原因，身体上的疼痛刺激会让瞳孔无意识放大，这是人体的一种条件反射，不受我们的思维和想法控制。不光身体上的疼痛会让瞳孔扩大，精神上的痛苦也会使大脑接受到类似的神经信号，从而导致瞳孔出现放大的现象。

此外，酒精、毒品、药物也可以让瞳孔出现扩大反应。因此，我们在通过瞳孔来探究他人的心理活动时，要注意排除这些干扰性因素。

值得一提的是，瞳孔还是一个"表达爱意"的使者。早在 20 世纪就有相关研究结果表明：不管是男人还是女人，当产生性冲动或欲望时，其瞳孔都会扩大。人们在遇到心仪的异性、喜欢的食物、想要的物品等情况时，瞳孔都会不自觉地放大。

### 瞳孔缩小

医学领域长期的研究和实践表明：瞳孔对周围光线的变化非常敏感，并且会根据周围光线的强弱来自动调整自己的大小，以使眼睛达到最舒适的状态。如果人们处于强光的环境中，瞳孔会自动无意识缩小，以减少强光给眼睛造成的不适；反之，光线很微弱时，瞳孔为了让眼睛看清周围的环境和物品，又会自动扩大，以收集更多的光线。所以，如果我们要想根据瞳孔大小来判断对方的情绪，那么最好先把光线因素排除在外。

除了光线因素外，瞳孔的大小变化与人内心深处的喜恶有着非常直接的关系，换句话说，我们可以通过瞳孔大小的变化来判断他人内心的喜欢或厌恶情绪。一般来说，当人们不喜欢、厌恶、排斥所接受的信息时，瞳孔就会缩小直径，以减少厌恶信息的摄入。比如当大脑进行超负荷脑力劳动时，瞳孔会条件反射式地缩小，并以此来传达"大脑很累，需要休息"的隐形信息。

### 瞳孔无变化

医学研究表明：当人的大脑出现损伤或故障时，瞳孔很可能也会因此而丧失功能，不管外界如何刺激，瞳孔都不会再发生任何变化，尤其是脑出血、脑震荡等疾病。在正常情况下，人的瞳孔会根据周围光线以及心理活动等来自行调节大小，如果瞳孔丧失了这种变化，那么有可能是出现了器质性病变。

排除了生理因素外，人的特定心理状态也会导致瞳孔无变化。早在 1964 年，认知心理学家们就发现：大脑在思考难度较大的问题时，瞳孔会扩张；反之，如果是思考没有任何难度的问题，那么瞳孔的变化可以忽略不计。

## 4 视线会暴露人的大脑活动

正如古罗马诗人奥维特所说："沉默的眼光中，常有声音和话语。"眼睛虽然不能直接说话，但眼神和视线的变化却会暴露人的大脑活动。人的心理活动能从微妙变化的视线中找到蛛丝马迹。因此，只要我们用心观察他人的视线，并力争学会读懂各种视线的心理含义，那么读懂他人的内心就会变得轻松容易。

人的视线活动十分丰富，或专注、或闪烁、或迅速转移、或紧盯某一处……那么，这些丰富的视线活动为什么能够反映人的心理呢？其实，这与人体的生理结构也有一定的关系。与果蝇等动物360度的视线范围不同，人眼的可视范围不到180度，也就是说，我们如果不移动视线就无法看到更多。要想全方位地了解周围的环境，收集周围环境的各种信息，就只能通过转移视线来实现。而视线的转移又无一例外地要遵从大脑的活动，因此视线的变化也就暴露了大脑的思维活动，并隐隐透露出人的真实内心。这也是我们通过视线来探索人心的重要理论基础。

通常，视线的变化都是通过视线停留部位、停留时间来表现的，那么人的视线活动与其内心之间究竟有什么关联呢？

**非常专注的视线**

通过眼睛的视线状态不仅可以解读他人的真实内心，还能洞悉他人的性格。通常来说，性格开朗、天性乐观、心胸宽广豁达的人，其视线和目光坦荡而直接，而性格内向、不善言谈、情绪敏感、内心较脆弱的人，其视线大多畏畏缩缩，视线范围也比较狭窄，有些小家子气。

认真专注的视线代表感兴趣、被吸引、愿意投入其中，如果与人交谈时，对方的视线非常专注，这表明正在谈论的话题合乎对方的口味，可以继续深入交谈下去。专注视线的"心理法则"尤其适用于社交活动以及各类演讲、会议场合等。观察听众们的视线，如果他们的视线认真而专注，那么毫无疑问你把话说到了他们心坎中，这时赶紧"趁热打铁"，可以迅速拉近彼此之间的心理距离。

**迅速转移的视线**

迅速转移视线的心理动机有两种：

一是在心仪的异性面前缺乏直视对方的勇气。越是遇到喜欢的人，人们往往越是没有足够的勇气，尤其是在公共场合偶遇时，常常会在看到对方的一瞬间立即移开视线，并假装做出不在意、无所谓的行为，其实不过是"此地无银三百两"，欲盖弥彰。

二是迫于他人的威慑而不敢直视，所以选择迅速移开视线。在现实生活中，有相当一部分人的视线会给人以强烈的心理威慑，这种威慑可能来自于高于常人的地位、财富等，也可能是个人气场。当处于心理弱势的人遇上这些极具视线威慑力的人时，就会不自觉地生出胆怯的情绪，体现在目光上则是迅速转移视线，以减少心理压力，并避免与对方的视线撞在一起。

**左顾右盼的视线**

很多动物在面对陌生环境时，第一时间都会左顾右盼，像侦察兵一样观察周围的环境，并探查是否有潜在的危险，虽然人属于高级灵长类动物，不过在这一点上却和动物有着诸多相似之处。

当人意识到周围可能存在潜在危险时，如害怕他人发现自己的秘密、看到自己不妥当的行为等，就会左顾右盼，察看周围的人是否存在什么异常，以警惕被他人发现。此外，人在需要寻找特定目标时，也会用视线进行全方位搜索，这时其视线也呈左顾右盼状态。

**倾斜扫视的视线**

用视线斜视对方的心理动机比较多样，比如，极度不认同甚至反感对方的观点，与对方有某种过节，看不惯对方的所作所为，想挑衅对方的权威、挑起对方的怒火等。用眼角的余光倾斜地扫视对方，其视线暗含"讽刺""藐视""不屑""轻视""瞧不起"等意，从社交的角度来讲，这是一种不友好、不礼貌的行为。

## 5 不要忽视眉毛的微表情

与变化多端的眼睛相比，眉毛作为保护眼睛的"使者"，其变化十分单一。也正是因为如此，在现实生活当中，眉毛的"微小变化"很难引起人们的注意。

从位置上看，眉毛长在眼睛的上方；从构成上看，眉毛是由很多略长的体毛组成的；从生理功能上看，眉毛可以起到阻挡从高处落下的灰尘掉入眼睛的作用。由于眼睛和眉毛距离很近，所以眼睛的一些动作也会牵动眉毛，从而引起眉眼的连动反应，这就使得眉毛的变化也有了更为深刻的心理内涵。

虽然眉毛的变化相对单一，不过也能传递出十分丰富的信息，对此我们千万不要忽视。不少心理学家认为：眉毛对于人的内心心情变化最为敏感，会随人的内心情绪变化而改变形态。可以毫不夸张地说，眉毛就是心情变化的晴雨表，只要弄懂了眉毛变化的心理玄机，那么猜透对方的心情也就很容易了。

那么，眉毛都有哪些形态变化呢？不同的形态变化又代表着怎样的心情和情绪呢？

### 眉毛轻扬

眉毛轻扬是现实生活中一种非常常见的眉毛"微表情"，眉毛轻扬是眉毛在向上运动的过程中出现的外向表征，具体表现是两眉之间略向外分开，眉间距离扩大，眉毛周围的皮肤舒展。当眉毛轻扬时，会对人的整个前额皮肤造成挤压，使之产生横向皱纹，因此我们可以通过整个额头的变化来捕捉眉毛的这一微表情。那么，眉毛轻扬究竟有什么心理意义呢？从心理学角度看，眉毛轻扬往往代表着惊奇、错愕、傲慢、疑问、否定、不顺从、恐惧以及愤怒等情绪。要想判断出具体是哪种情绪，还需要进一步根据当时的环境和具体情景进行更深入的了解和判断。

### 眉毛低垂

眉毛低垂即眉心部分向下运动的幅度明显大于眉尾的一种"微

表情"。需要注意的是，眉毛低垂与人在微笑时的眉毛运动十分相似，但两者又有明显不同，眉毛低垂代表着内心情绪低沉，比较不开心，而微笑时的眉毛向下运动则代表着开心、愉悦。那么，如何区分这两者呢？我们可以通过两眉之间的距离来进行判断，当人的情绪处于积极状态时，两眉之间的距离会自然加宽，反之，两眉之间的距离会缩短，也就是我们俗称的"皱眉"。

### 眉毛斜挑

眉毛"斜挑"，顾名思义，就是一条眉毛挑高，一条眉毛向下压低，这种眉毛"微表情"在男性领导、上司等人的身上比较常见。从心理学方面来说，代表着疑问、怀疑，大多伴随着"嗯？"的疑问语言表达。在现实生活中，绝大多数人都习惯右眉上挑，只有少数人有左眼上挑的表情习惯。

### 眉毛上耸

眉毛上耸，是一种颇为"西化"的表达方式，常常和嘴角下拉、耸肩以及双手掌心向上摊开等同时出现，是西方人最常见的社交动作之一。常有这种表情的人，大多接受过西方文化的熏陶或有国外学习生活经验。从心理学角度来说，这一表情有无奈之意，常用来表达无可奈何的情绪。

### 眉毛向下

眉毛小范围、小幅度地向下运动是一种十分友善的表情。如果你注意观察周围人的表情，那么很容易发现：人在真诚微笑的时候，伴随着眼睛的微眯，眉毛也会微微向下。在社交活动中，如果我们看到对方眉毛向下运动，而且眉毛末端的运动幅度大于眉心部分的运动幅度，那么基本可以断定，对方内心很热情，也比较乐意与人接近。

**眉毛闪动**

眉毛闪动的心理学意义是积极的情绪，暗示着对方内心的情绪很愉悦，对正在倾听的话题很赞同，对正在交谈的人感到十分亲切。从生理角度来看，眉毛闪动是一种比较频繁的眉毛运动，具体表现为眉毛在短时间内上扬后迅速下降，且频繁出现。如果是发表谈话或演说的人出现这种表情，则表示其情绪很亢奋，并试图以此来强调讲话的内容。

# 6 看似不动的鼻子也会说话

在"面相大师们"的眼里，鼻子是人整个面部的中心，也被称为中庭，掌管着人的财运，是五官当中非常重要的一个。无独有偶，在西方文化中，鼻子也有着非同凡响的意味，诚然东方和西方对鼻子的民间看法有不小的差异，但大家对于鼻子的重视却相差无二。这也充分说明，鼻子并没有表面看起来这么简单。

鼻子几乎是没有大幅度运动的，不管人做出怎样的动作或表情，处在人面部中心的鼻子似乎永远都是"无动于衷"的状态，那么，鼻子和人的内心活动真的毫无关联吗？事实上并非如此。心理学研究发现，看似不动的鼻子其实也有"微表情"，也在传达着人内心深处的隐秘。

世界上没有完全相同的两片树叶，也没有完全相同的两个鼻子。仔细观察，我们会发现每个人的鼻子都有自己的个性和特征，有些人鼻梁低，有些人鼻梁高，有些人大鼻头，有些人鹰钩鼻，还有些人是小巧玲珑的纽扣鼻，也有鼻孔稍上翻的朝天鼻……虽然关于不同的鼻形有不同的民间说法，比如鹰钩鼻的人性格比较具有攻击性，不好惹，蒜头鼻的人性格敦厚，为人淳朴……不过这些说法缺乏一定的科学依据，并不一定都是正确的，所以在通过"鼻子"识人的时候，千万不要被这些信息误导。如果想通过鼻子知道对方是怎样的人，不妨借助科学的微表情解读法来识破鼻子的"秘密"。

### 鼻头出汗

这是一种非常容易观察的鼻子"语言"，只要我们稍加留意，就能发现对方的鼻头上是否有汗珠。人在较热的环境中会通过出汗来散热，不过鼻头却并不是出汗散热的首选，如果额头上没有汗，但鼻头上却汗珠明显，那么就代表对方的内心在"天人交战"，十分焦躁不安。除此之外，过度紧张也会导致鼻头出汗现象的发生。

### 鼻子皱起

通常人们在闻到难闻、刺激、厌恶的气味时，就会条件反射式地做出皱鼻子的动作，引申到社交活动中，则表示对看到的人或事不喜、厌恶，内心非常抗拒。从心理学角度来说，皱鼻子代表着傲慢、不屑一顾的态度。如果遇到了经常皱鼻子的人，那么最好避而远之，因为无论我们传达的友善热情多么浓烈，都会被对方扣上"垃圾"的帽子，既然如此又何必自讨没趣呢？

### 鼻翼扇动

鼻翼动即鼻孔张得很大，同时鼻翼会有较大幅度地扇动。不同的人鼻孔大小不同、鼻翼大小以及厚薄也不同，因此其运动的幅度也会存在很大差别，我们要仔细观察，可以通过其他的面部微表情来进行多方位综合识别。鼻翼扇动往往代表着强烈的情绪波动，常常用来表达内心的愤怒。

### 鼻子胀大

鼻孔在进行呼吸动作时，鼻子的形态也会受到一定影响，不过由于吸气和呼气都是非常规律的，因此鼻子形态的变化也呈现规律性。如果我们在呼吸时带有明显的情绪，那么鼻子就会有不同的"表情"。"嗤之以鼻"的说法相信大家都比较熟悉，故意用鼻孔出气吭声，具体表现在鼻子形态上就是鼻子胀大，且微微向上皱起，代表着不满、轻视、不屑等情绪。

此外，强度较大的运动、搬动重物等会增加人体的需氧量，因此我们会不自主地加快呼吸频率，在呼吸急促的情况下，鼻子也会出现胀大的反应。人的心理活动也能引起鼻子胀大，比如人处在兴奋、紧张、恐惧等情绪中时，呼吸和心跳也会不由自主地加快。

**抚摸鼻子**

摸鼻子是现实生活中非常常见的行为，由于非常不起眼，也很容易被大家忽略，千万不要单纯地认为摸鼻子只是为了生理挠痒，实际上这是一种内心下意识的举动，暗含着不为人知的心理秘密。人之所以会抚摸鼻子是为了寻求答案或安慰，因此当人们对人和事产生怀疑情绪，或遇到难题时，往往就会下意识地抚摸鼻子，以减轻自己内心的焦灼和不适。

## 7 嘴巴——最丰富的内心库

从生理角度来说，嘴巴的周边肌肉异常发达，而且由多个肌肉群共同组成，这就使得我们的嘴巴动作十分丰富。所以我们总能轻轻松松地做出诸如噘嘴、咧嘴、嘟嘴、张嘴、撇嘴、抿嘴等各种细微的动作。

嘴巴的各种动作与人的内心活动有着十分紧密的关联。当人们做各种各样的动作和表情时，人体相应部位的肌肉也会随之运动，换句话说，人的内心情感与肌肉运动之间是存在对应联系的，而这种联系又以眼睛和嘴巴周边的肌肉最为典型。嘴部的动作非常多样：大笑时嘴角会上扬，微笑时嘴角会上弯、形成弧度，失望或灰心时嘴角会下拉……嘴巴不仅可以张开、闭合，还能做出半张半合等各种动作。

心理学家对嘴部动作专门进行了大量研究，为我们学习不同的嘴部动作的心理含义提供了科学的材料和指导。

**咬嘴唇**

我们非常熟悉的英国王妃戴安娜就常常做出咬嘴唇的动作，她的很多公开照片都很好地证实了这一点。咬嘴唇是一种非常常见的嘴部语言，普通人身上也常出现。心理学家认为咬嘴唇是一种压抑内心愤怒或者怨恨时的表情，而在摇头的时候咬着下嘴唇则是非常愤怒的表现，这是一种表达敌意的安全方法。此外，当人们遭遇失败等情形时，也常常做出"咬嘴唇"的动作，这也可以说是自我惩罚型的身体语言。戴安娜咬嘴唇，可能是试图用这种方法来表达对侵犯她的摄影师们的不友好情绪。

**捂嘴**

通常当孩子说谎的时候，他会用手捂着嘴，企图收回那脱口而出的谎言。早在我国古代就有"说谎心虚捂嘴巴"的说法，由此可见捂嘴是人们在说谎话时常常会出现的一个固有动作。

虽然孩子长大后，说谎的技能提高了不少，说起假话来更加纯熟，不过捂嘴的下意识动作却没有消失，而是变成了一种自然反应。所以如果我们发现某个成年人用手捂着嘴或挡住嘴唇，那么他很可能是在撒谎。

**挡嘴**

"挡嘴"和"捂嘴"整体上看十分相似，但两者还是有区别的。通常，"挡嘴"除了含有说谎的心理意义外，还有提醒对方注意什么的意思。

比如，两个人一起正在议论单位的是非。这时，其中一个人看见单位的头头走过来了，于是他伸了一个指头在自己的嘴唇前一竖。另一个人虽然没看见头头走过来，但他明白"有情况"，就停止议论或放低了声音。

另外，"挡嘴"还有要求对方听完话后保密的意思。

在农村的田间地头常常可以看到这样的情形：一个年轻妇女与另一个妇女说她婆婆的坏话，说婆婆这也不好那也不好，说完后，还用几个手指把嘴一挡："我给你说的这些，可千万别让我婆婆知道了。"

总之，挡嘴的动作常常与遮掩联系在一起，也就是说，与别人

交流时，如果对方做出了遮掩嘴唇的动作，你要知道，对方可能
是要求隐藏一些信息。

### 噘嘴

在攻击对方的时候，"噘起嘴"说话的情形很常见。另外，噘
嘴也可能是一种防卫心理的表示。如果在谈生意时，对方不断做
出这种动作，你就要考虑改变谈判方式了，因为照此谈下去，可
能没有什么效果。

### 舔嘴唇

舔嘴唇说明某人没有说实话或者某人感到很紧张。通常当人们
感到紧张的时候，嘴唇会变干，所以他们会不由自主地通过舔嘴
唇来产生唾液。舔嘴唇还可能是一种调情的习惯。根据这个动作
做出来以后的诱惑程度来看，它可能是想用一种性感的方式来吸
引别人的注意。不过，喝酒或抽烟很多的人经常会嘴唇发干，所
以他们往往也爱舔嘴唇。

### 抿嘴

一个人意志坚定不坚定从说话时的嘴形上便可看出来。如果某
人说话时，嘴抿成"一"字形，这表明他是个意志坚强的人。根
据这一发现，如果你是一个老板，在交给部下去做一项棘手的业
务时不妨注意观察他的嘴形。

## *8* 破译下巴的情绪密码

下巴能有什么表情可言？如果你认为下巴只是脸的组成部分，没"表情"可言，更谈不上微表情，那就大错特错了。美国联邦调查局的工作人员在长期的工作中发现：下巴很难做出大幅度运动，不过这并不代表下巴不动，下巴的运动幅度很细微，但这些细微的运动，这些容易被人忽视的微小表情正在用"另一种语言"展现着人们的心理变化。

在五官当中，下巴位于脸部的最下端，因此也是最容易被忽略的地方之一。在社交活动中，很少会有人盯着他人的下巴看，而且大家普遍认为盯着他人的下巴是一种不礼貌的动作。心理学研究发现：下巴被人们视为非常"私人"的部位，只有那些关系暧昧的异性或情侣、夫妻等才会含情脉脉地将目光低垂到对方的下巴上。如果只是普通朋友关系，一直盯着对方的下巴则是一种非常失礼的行为。

下巴的动作虽然轻微，但心理学家们认为，可以通过观察他人下巴的动作，来判断其情绪状态。下巴是可以影射内心的"投影机"，只要我们仔细观察，就能够破解下巴上隐含的心理"密码"。不过需要注意的是，如果不想唐突对方，不想被人误会，那么在观察对方下巴的微变化、微表情时就一定要掌握好度，不要紧盯着对方的下巴看，要尽量减少视线的停留时间，以免惹怒对方。

### 用手抚摸下巴表示无聊

用手托着下巴，意味着对方是想集中注意力，或者把注意力集中在说话的人或某物品上，但内心深处又不怎么感兴趣，实在是比较无聊。内心的无聊不好直接表现出来，于是便摆出一副若有所思的样子，支撑着脑袋让自己看起来精力集中一些。

### 下巴上抬表示不屑

下巴上抬的动作有内心不屑之意，表明其眼光甚高，没有能入眼的人或物，内心高傲。如果与闭合双眼或者向着他人"眼观鼻"的动作同时出现，则表示对方在"摆绅士架子"，比较有装模作样的嫌疑。

### 下巴前撅表示生气

生气的人的下巴往往会向前撅着，而这表达的一般是威胁或者敌意。当人们被冤枉的时候或者要责备某人的时候，就会不由自主地撅起下巴。所以在和别人谈话的时候，你可以通过观察对方的下巴来判断他是不是生气了。

### 下巴缩着表示恐惧

如果某人缩着下巴，说明此人此时正处于无法摆脱的心理恐惧中。往后缩的下巴是一种保护性的反应，比如在看恐怖电影的时候，人往往会缩成一团，甚至下巴都要缩进脖子里。如果看到某人缩着下巴离开，那么他可能内心很害怕或者感到受到了什么威胁。

### 轻抚下巴表示全神贯注

轻轻地、慢慢地摸着下巴，就像摸着自己的胡须一样，这种表情在现实生活中也是非常常见的下巴微表情，尤其是一些年龄较大的男性更容易出现这一表情。此表情说明该人正在全神贯注地倾听别人说话，这时候最忌讳打断对方。

### 摸（抚）着下巴表示怀疑

当人怀疑自己听到的话时，常常会做出摸着或托着下巴的动作，这是一种下意识的动作，意在克制自己不要告诉讲话的人"我不信任你"。这一动作表达了人内心深处的矛盾情绪："我不相信你，可出于礼貌，我又不好直说。说也不是，不说也不是，实在好矛盾。为了让自己心里好过点，还是做一个自我安慰的动作吧！摸摸下巴就是一个不错的放松办法。"

### 轻弹下巴表示否定

漫不经心地以一只手的指背轻弹下巴下面数次，同时头向后仰，这一动作背后的心理含义是对正在谈论的内容感到无趣，甚至对说话者都持有否定的态度。除此之外，也可能是对方想要表现出盛气凌人和冷淡之意而故意为之。

### 下巴抬高表示攻击

下巴抬高还有"攻击"的意味，尤其是当人处于愤怒当中时，常常会将下巴抬高并伸向对方，仿佛这样做就能把愤怒情绪抛给对方，从而达到宣泄情绪或攻击对方、威慑对方的目的。

## *9* 读懂满不在乎的微表情

"满不在乎"的表情在实际生活中非常常见：小 A 明明是最有希望升任经理的人选，可最后却是新来的 C 成了经理，同事们都很为小 A 惋惜，小 A 却摆出了一副满不在乎的表情；阿因只是一名非常普通的小白领，收入不高，但又非常喜欢奢侈品，她省吃俭用了半年，终于入手了一款价格不菲的奢侈品包包，当小姐妹们问起价格时，阿因满不在乎地说："价格不贵，也就花了不到三万块。"学生 YY 为了获得全校的演讲比赛一等奖，付出了很多努力，结果却没能如愿，同学们本以为 YY 会伤心难过，但谁知 YY 竟然看起来一点也不在乎……

这些满脸都是"不在乎"表情的人，真的不在乎吗？从心理学角度来说，人摆出满不在乎的表情，实际上并不是真的不在乎，而是表明其内心强烈不满，并试图用这种表情来掩盖自己的真实心理活动。

李英是个聪明和善的女孩，她为人极具亲和力，处世也非常周到，反应灵敏，因此不管遇到什么问题，都能及时很好地应对，在工作当中颇受同事喜欢。

一次，李英跟同事 KK 去见一位重要客户。同事 KK 不小心说错话得罪了客户，结果给公司造成了很大损失。李英很生气，把同事 KK 狠狠指责了一番。这是李英第一次如此严厉地指责一个人。

情绪激动的她，一时难以自控说了很多难听话，却丝毫没有注意到同事 KK 的神色。慢慢冷静下来以后，李英才发觉得自己说的话有点重了，于是赶紧去找 KK 希望能挽回双方的关系。

本以为 KK 会发泄对她的不满，结果 KK 脸上并没有什么不快的神色，而是表现得满不在乎。李英心里更加忐忑了，她知道 KK 脸上这种看上去满不在乎的表情，其实是内心强烈不满的表现。如果不能及时消除 KK 这种不满的情绪，说不定 KK 马上就会爆发了，到时，同事之间的关系会弄得很尴尬。

读懂了 KK 的表情后，李英赶紧转变自己的态度，马上用温和的语气和对方说："对不起，刚才是我太急躁了，说了很多难听话，希望你别介意。其实，我心里也知道你不是故意的，我实在是一时之间没控制好自己的情绪，非常抱歉。你对我有什么不满，就说出来吧！说出来会好受一点。"

李英的一番话打开了 KK 的心门，KK 开始滔滔不绝地陈述自己的理由，而脸上的表情也随着他的"发泄"渐渐得到了舒缓。等 KK 的表情恢复正常以后，李英估计 KK 的怒气也释放得差不多了，于是对这次工作失误及时地作了总结。一场同事之间可能暴发的危机就这样化解了。

其实，越是满不在乎的表情，我们越要引起重视，因为脸上不在乎并不是心里也不在乎，相反这正代表着对方心里很在乎，面对这种情况，如果我们不能像案例中的李英一样做出积极及时的应对，则很可能会出现不好收拾的残局。

那么，这种满不在乎的表情都可能隐藏着什么样的心理含义呢？

### 极端无视

在特定情景下，满不在乎的表情也是一种内心无视的表现。当人们对某人、某物或某事极端无视时，表现在脸上，常常就是满不在乎的表情。因为没把眼前的人、物或事放在眼里，所以完全当其不存在。为了表现这种情绪，人往往就会做出满不在乎的表情。

### 内心强烈不满

懂心理学的人都知道，满不在乎的表情实际上是内心强烈不满的表现。因此，我们不仅要重视那些看似不在意、无所谓的表情，还要学会从中解读其背后的真实情感，不让自己被这种潜在的表情给欺骗了。

## 10  教你识别微笑是真还是假

微笑是社交场合最常见的一种表情，也是人们在日常生活中接触最多的表情。尤其是在服务业格外发达的今天，我们几乎处在

"微笑"的世界里：早晨出门吃早餐，就餐时能看到面带微笑的服务人员；乘坐公交车时，会遇到充满热情和面带微笑的售票员；在公司遇见同事或领导时，我们会微笑着和对方打招呼，对方也往往会以微笑回应；在商场或超市购物时，能看到面带微笑的导购员；到医院就医时，能看到面带微笑的白衣护士；社交活动中，也能见到不少面带微笑的陌生人……

我们每天都会遇到很多张笑脸，也会用微笑对待他人，可是这些"微笑"都是发自真心的吗？相信任何一个有社会阅历的人都知道，并不是所有微笑都是发自真心的，也并不是所有微笑传达的都是友好的积极情绪。

"笑"是一种很简单的表情，但同时也是一种非常复杂的表情。大多数笑容看起来都是相似的，但其背后隐藏的真实心理活动却是非常复杂的。看似温和的笑容，背后可能是讽刺；过于热情的笑容，背后可能是厌恶和排斥；皮笑肉不笑的背后往往是恶意……其实，大多数人对于冷笑、傻笑、嗤笑、皮笑肉不笑等带有明显特征的笑，都能比较容易地识别出来，并能够揣摩到对方所传达出的真实情绪。不过千篇一律的"职业微笑"就难以分辨了，我们很难知道这些笑容背后隐藏的真实情绪。

而"职业微笑"也是在日常工作和生活中较常遇到的笑容，你想知道自己每天遇到的那些"职业微笑"背后都隐藏着怎样的心理活动和真实情绪吗？你能看出这些微笑是不是发自内心吗？如果并非发自内心，这些微笑的表情又意味着什么呢？

**真假微笑如何区分**

怎样区分微笑的表情是否发自内心，是真心的笑还是假意的笑，这对于绝大多数人来说都有些困难。实际上只要懂点心理学，区分真假微笑会变得很容易。俗话说"眼睛是心灵的窗户"，上扬的嘴角能骗人，上弯的脸部微笑弧度也会骗人，但眼睛却无法骗人。研究发现：真笑与假笑最大的区别是眼睛，真笑时，我们的眼睛往往会不自觉地呈月牙形眯起来，同时还会流露出开心、高兴的眼神；而假笑时，不管我们怎样伪装，伪装得多么像，眼睛是基本不会变化的，既不会眯起，也不会流露出积极情绪，而是保持平时状态没有变化。因此，要想分清哪些是发自真心的笑，哪些是假意的笑很容易，仔细观察对方的眼睛就可以一辨真伪了。

此外，还有一个辨别真假微笑的好办法。在微笑时，眼睛和嘴角是变化最明显的地方，实际上发自真心的笑容都是从嘴角开始的，然后再扩展到眼睛，如果对方先是嘴角上扬，接着眼睛呈月牙状，则是发自内心的真笑。如果眼睛和嘴角的变化是同步出现的，则是假笑无疑。

**假笑的心理动机**

为什么人们会假装微笑呢？假意的笑容背后究竟有哪些心理动机？

动机一：服务员、营业员等出于职业需要，需要借助"微笑"来拉近与客户的距离，营造客气礼貌的氛围，因此即使内心并不想微笑，还是会做出微笑的表情。

动机二：掩盖撒谎的行为，尤其是在谎言面临揭穿危险或被揭穿时，为了掩饰自己的尴尬，避免被人发现端倪，撒谎者往往都会选择用"假笑"来进行掩饰。

动机三：当被孤立、被冷落时，为了避免尴尬，避免自己陷入难堪的境地，人们也会用假笑来缓和气氛，以营造出"我很好""我很合群"等假象。

动机四：是为了通过谄媚套近乎以达到某种目的，尤其是临时抱佛脚的情况，由于底气不足，所以害怕会被拒绝，因此往往会伪装笑容，并试图用微笑来迅速拉近彼此之间的距离，进而达到某种目的。

# 第二章 肢体照妖镜：破译肢体动作里的秘密

## *1* 最引人注目的头部动作

与陌生人初次见面，人们最先注意到的身体部位就是头部。尽管人体是由头、颈、躯干、上肢、下肢、手、足等多个部分组成的，头部只是其中一个组成部分，但人们对于他人头部的关注度要远远大于其他部位。这与人的生理结构有一定的关系，眼睛长在头部，平日交往多以平视性的视线为主，与人见面，首先映入我们眼帘的就是他人的头部，所以毫不夸张地说，头部动作是最引人注目的。

此外，头部还是身体众多部位之中动作最多、最频繁的部位。对于头部动作而言，出现频率最高的动作即点头和摇头，如果你以为点头或摇头等动作的心理含义很好猜透，那就大错特错了，在实际交往活动中，并不是所有点头都代表同意、认同，也不是所有的摇头都代表着否定与反对。

头部动作是可以控制的。但在社交活动中，人们在交谈以及用肢体语言来表达情意时，常常会无意识地伴随着细微的头部动作，比如歪头、抬头、低头等，这些动作看似不起眼，但却恰恰泄露了对方的心事。如果你想通过这些头部小动作来猜透对方的内心，那就必须学会解码头部动作的心理学含义。

### 低头

低头是一种非常常见的头部动作。从心理学角度来说，低头属于自我心理防护型动作。常常做低头动作的人，一般缺乏自信、内心自卑或情绪低落，他们通过低头来减少自己在人群中的存在感，以降低自己的心理压力。人在有批判性意见又不得不选择保留的时候也会低头，基层员工在面对领导时也会被对方所震慑，从而不由自主采用低头的姿势。此外，低头还有认输、示弱的心理学含义，可避免与他人的矛盾升级，尽可能减少周边人对自己产生更加糟糕的印象。

### 抬头

较长时间维持头部微微上扬的人，其性格大多乐观、开朗，他们自信心强、有气势、有较强存在感，同时传达出"我很自信、凡事都胸有成竹、什么都不怕"的信息。因此抬头动作多出现在商务谈判以及比较正式的聚会等场合，精英们往往都是一副上扬头部、精神抖擞的模样。

此外，人们在突然听到令人震惊的消息或见到令人震惊的事物时，头部也会不自觉上扬。不过需要注意的是，除了表达自信和吃惊外，头部上扬的动作还有其他心理学含义，人们在恍然大悟时也会出现这样的头部动作，在试图看到更高处时也会不自觉抬高头部，以便让视线更加开阔。

### 频繁点头

点头代表同意和认同，绝大多数人都这么认为，不过过于频繁的点头可能恰恰相反。顾客面对热情的推销时，对商品丝毫不感兴趣，可碍于礼貌又不好意思打断推销员或直接拒绝，在这种情况下，顾客往往就会选择频繁点头来给与适当的回应。从心理学角度来说，频繁点头有敷衍、不感兴趣的意思。

如果在社交活动中，遇到了频频点头的谈话对象，最好不要高兴太早，因为对方的这种反应很可能是对谈话丝毫不感兴趣，但碍于情面又不好打断你，只好选择频繁点头来消极回应。此时，还是及时换个话题比较好。

### 侧歪头部

侧歪着脑袋是一种十分常见的头部动作，那么头部侧歪的动作有着怎样的特殊意义呢？有心理学家认为，这一动作可以追溯到人在婴幼儿时期对母亲怀抱的依偎，代表着信赖、舒适，略带撒娇的意味，反应在社交活动中，则意味着对正在关注的事物很认同、很欣赏。女性侧歪头部还有展现小女人娇俏、天真或风情，吸引异性关注的心理意义。

### 摇摆头部

大幅度摇摆头部的动作是比较少见的，剧烈的摇摆头部意味着非常强烈的反对与拒绝。在社交活动中，我们一般很少会遇到这类头部动作，因为当面做出大幅度摇摆头部的动作被视为不礼貌的举动，会伤及他人的颜面，令对方陷入尴尬的境地，所以一定要慎用这一头部动作。

## *2* 喋喋不休的手部动作

手是人的肢体当中最为灵活的部位之一，不管是推门、挥动、举重物等大动作，还是诸如拿笔写字、拿筷子吃饭、用手指扭动魔方这样的小动作，手都能够毫无压力地胜任。从穿衣、吃饭、喝水、洗衣服等日常生活，到开车、敲键盘、装修、劳动等职业性活动，我们都离不开双手的积极参与。

除了完成生活和工作的必要任务外，手部动作还具有特定的心理学意义。尤其是在社交活动中，手势作为一种非常普遍的肢体动作，除了约定俗成、大众所熟知的固定手势外，人们在说话时还会无意识地伴随一些细小的手部动作，这些细微的手部动作往往并没有什么明确的意思，但恰恰是这些无意识的小动作暴露了人的真实的内心。

正如著名心理学大师弗洛伊德所说："任何人都无法保守他内心的秘密。即使他的嘴巴保持沉默，但他的指尖却喋喋不休，甚至他的每一个毛孔都会背叛他。"诚然，我们可以控制自己的手部完成各种各样的动作，但如果试图通过控制手部动作来完全掩盖真实的内心活动，则是不可能的。

在绝大多数情况下，大脑对手可以做到完全控制，但人并非机器，而是一种情感性动物，在特定的情绪活动下大脑对手部动作的控制会大大减弱，比如紧张过度时，肾上腺素会迅速升高，从而引起双手颤抖，这时即便我们想控制手部停止颤抖也是不可能的。那么，都有哪些手部动作能够透露出人的内心情绪呢？

**绞手指**

你注意过他人的手部小动作吗？在现实生活中，有不少人有绞手指的习惯，有些人是十指交叉绞手指，也有一些人是四指交叉，剩下一对大拇指来回绕圈或搓动，还有一些人只有两个或四个手指相互绞动，比如两个食指绕圈……

这些手部动作非常细小，如果不仔细观察，很容易会被忽略。从心理学角度来说，绞手指意味着内心的消极不安。人在情绪异常时，往往会伴随着一系列的异常肢体动作，有些人可能会走来走去，有些人可能会发呆不语，也有相当一部分人喜欢通过绞手指，玩弄诸如指甲刀、钥匙等物来降低自己的不安。

**紧握拳**

握拳其实是一种"很用力"的手部动作，通常，在自然下垂放松的状态下，我们的手部是呈现"半握拳"姿势的，手指呈微微弯曲的状态，手臂和手指都是自然放松的，这也是最省力的手部动作。

如果在社交活动中，发现对方的手紧紧握成了拳头，那就必须引起注意了。通常来说，手掌紧紧握成拳头传达出两种心理含义：

一是内心不安。越是内心不安，我们内心越希望感到安全，因此会试图给自己安全感，这时候人会无意识地通过握拳来缓解内心的恐惧、慌乱、无措等消极情绪。

令人产生不安的因素是多种多样的：窘困的生活、对饥渴的忧虑、被群体排挤、周围环境充满不确定性、害怕被领导批评、担心环境污染或食物安全、遇到感到恐惧的东西或场景、被人公开讽刺挖苦……生活、工作、心理上的挫折和困难，都会让我们内心充满不安，而手掌握拳正是内心不安的隐藏表现。

二是威慑或挑衅。紧紧握住拳头并展示出来的动作属于威慑行为，其隐藏的心理潜台词是"我很厉害""我很有力量""我很强壮""我不会被打败"。这种用拳头进行威慑的做法源自于原始社会，当时猛兽众多，生存环境恶劣，当我们的祖先遇到体型较大的食肉动物又无力捕杀时，为了尽可能地争取自身的安全，便会像动物一样做出龇牙、吼叫等威慑动作，企图可以把对方吓跑。引申到现代，拳击比赛时也常常会用高举的拳头来向对手示威。

### 搓手掌

心理学家研究发现，搓手掌的动作，暗示内心对即将获得的结果或物品等十分期待，并且自信能够得到想要的结果。这一手部动作，相信很多看过《赌神》等电影的人都不陌生，因为电影中的主人公在下注之前往往会有一个搓手的小动作。

## *3* 手臂能反应最真实的情绪

与手指、手掌等部位不起眼的小动作相比，手臂的动作幅度显然要大得多，也更容易引起人们的注意，观察难度比较小，判断起来就比较容易。虽然手臂不能直接说话，但却可以通过特定的肢体动作传达出不同的内心情绪。也正因为如此，心理学家将人的手臂称为"情绪忠实反映者"。

语言是人类最重要的表达方式之一，也是最为主流的沟通方式，不过却存在一个严重弊端，即语言很容易作假，即便是几岁的小朋友也可以轻松说出谎话。与语言所传达的信息可信度相比，肢体语言的可信度要更高一筹。

在众多的肢体动作当中，手臂是动作最明显的部位之一，这是因为手臂正好处在人眼的黄金观察范围之内，动作幅度比较大，也更容易被观察到动作变化。你想知道手臂动作背后的玄机吗？只要懂点心理学原理，我们就能够从手臂动作中看出他人的真实心态。

### 双臂下垂

双臂下垂是最常见的手臂动作，只要没有特别的需要，我们的两条手臂就会自然地下垂至身体的两侧。双臂下垂是一种很放松、自然、舒适的动作，如果对方的双臂摆出这样的姿势，代表此刻对方情绪平和、内心坦荡，没有抗拒的保守心态，也没有过于热情的激进。如果是遇到突发情况时，对方依然保持双臂自然下垂，那么说明此人内心相当强大，心性也比较豁达，对挫折、苦难以及人生种种变故都比较淡定，但由于凡事看得太淡，所以没有强烈的事业心或追求欲。这类人不适合成为创业伙伴、事业助手，如果想寻求内心的和谐与安宁，不妨多结交一些这种类型的好友。

### 双臂后背

双臂后背的姿势颇受一些上了年纪的老领导们喜欢，尤其是在视察下属工作时，他们非常喜欢把双手背在后面，然后状似悠闲地走来走去。从心理学角度来说，双臂后背的姿势隐藏着内心的优越感，意图传达有点亲民的"高高在上"，希望能够获得下属的尊重和认可。此外，此动作还有"倚老卖老"的含义，一些长辈在给小辈们训话时为了体现自己在辈分和年龄上的优越感时也常常采用这样的姿势。

### 托盘姿势

"托盘姿势"，顾名思义就是一只手平放，另一只手臂手肘置于平放的手心之中，手掌呈张开姿势托住头部，就像端着一个托盘一样。表面上看，这一动作透露着思考的心理意图。但实际上却并没有这么简单，并不是所有托盘姿势的真实意图都是思考，除此以外，该动作还有展示自己的意思。尤其是善于展现自己魅力的女性朋友，当遇到心仪的异性，想施展自己的吸引力时，她们就会状似无意地摆出托盘动作，并以此来吸引周围心仪异性的注意。

## 双臂折叠

双臂折叠，即将两个手臂折叠，双手抱肘或置于腋下的动作。经常摆出这类姿势的人，做事一般比较谨慎，且属于"运筹帷幄于千里之外"的智者类型，他们习惯将周遭的一切都收罗进自己的思维之中，而且比较善于对未来可能的发展作出预测。

喜欢双臂折叠动作的人，往往是创新界的翘楚或潜在黑马，他们不仅思考能力十分强大，遇事也比较沉稳，是不见兔子不撒鹰的典型，因此在事业上比常人更容易获得成功。如果寻找创业合伙人、高层管理人员等，那么千万不要错过此类人，他们可是从天而降的"智囊团"和"军师"，错过了岂不可惜？

## 双臂前叉

从心理学角度来讲，双臂交叉置于前胸的动作是一种防御性肢体动作，暗示其内心正处于排斥状态。习惯做这一动作的人，不愿意轻易接触不熟悉的人或事物，内心缺乏安全感，性格上也比较保守，生活中比较宅，对群体社交等活动不甚热衷。这类人更喜欢独处，他们并不喜欢和一群不熟悉的人称兄道弟。如果想和他们交朋友，并真正走进他们的内心，就一定要有耐心和诚心，否则会在不经意间失去与他们的结交机会。

## *4* 躯干小动作里的秘密

从生理角度来说，躯干是人体最重要的组成部分。人没了灵活的四肢尚能存活，但如果没了躯干，那宝贵的生命也将不复存在。躯干之所以如此重要，是因为心脏、肺、肝、胆、肾、胰、脾、胃、肠等重要脏器都集中在躯干上。要说面部表情和手部小动作会暴露人的心理活动，相信大部分人没有什么异议，但要说躯干也能传达出人们内心最深处的声音，想必大部分人对此会表示怀疑。

那么，躯干真的能反应人的真实心声吗？事实上，即便是在心理学领域，躯干依然是最不容忽视的身体部位。躯干中的不少重要脏器都直接关乎人的生死，因此在漫长的进化过程中，保护躯干中的重要脏器不受损伤已经成为一种无意识的边缘行为，也就是说，躯干的不少小动作是脱离大脑的掌控的，它们像早已经刻在基因中的"代码"一样，无须大脑思考就会出现。心理学家经过实验也证实了这一点，认为躯干的不少小动作都属于边缘行为模式。由此也就不难看出，通过躯干动作可以透视人的内心，也是有着坚实的科学依据的。

不过，从动作幅度来看，排除诸如运动、搬动重物等体力劳动外，人体的躯干动作幅度是很小的，尤其是在西装革履的社交场合，躯干的动作幅度更是微乎其微。这些细微的躯干动作，背后都有怎样的心理秘密呢？

### 保护姿势

保护姿势，即将手臂或手中的皮包、笔记本、衣服等物品抱在胸前，呈现出保护躯干的姿势。在日常生活当中，保护姿势非常常见，熙熙攘攘的大街上，很容易就能看到将手提包、笔记本等抱在胸前的人。

从心理学角度来说，保护姿势是一种壁垒性动作，通常人在陌生不安的环境中会下意识地做出这样的动作，此外，内心的焦虑紧张也会让人在无意识中做出保护躯干的姿势。如果在社交活动中，发现他人较长时间地做出这种保护躯干的动作，那么毫无疑问，对方不是身体不舒服，就是希望保护以及隔离自己，并试图依赖这一保护性的动作来获得心理安慰。

值得注意的是，女性更容易做出保护躯干的动作，男性则较少，心理学家们认为这或许与女生敏感、缺乏安全感的普遍心理有直接关系。

### 倾斜躯干

倾斜躯干是一种非常常见的动作，比如公园里斜倚着栏杆、墙壁、树干的人并不少见，此外在运动场上，倾斜躯干的动作也相对常见。活跃在篮球场上的运动健将们，面对突然高速飞来的篮球，往往会迅速倾斜躯干以避开"攻击"，保护自身免受伤害。其实，这种倾斜躯干避险的动作往往是在大脑无意识的情况下做出的，也就是说，大脑还没来得及下达指令，我们的身体就已经做出了反应。

从心理学角度来说，倾斜躯干有两种心理含义：一是依赖、放松、撒娇，人倚靠在门框、床头或者伴侣、父母、朋友的肩膀上时，躯干就是呈现倾斜状态，此时其内心是柔软而温和的，意在通过这一动作传达自己的依恋；二是躲避攻击和危险，诚然社交场合不像运动场上会有人身危险，但在面临令人抵触的人或事时，人的内心也会产生危机感，从而产生无意识的躲避行为。

**转动躯干**

从心理学角度而言，躯干转动的动作是一种下意识的远离行为，人的心理都存在偏好，所以如果我们感到不适，就会条件反射地想转身离开。相关研究结果表明，腹侧是整个躯干当中最为薄弱的部位，毕竟躯干正面有胸腔保护，而腹侧不仅没有结实的骨架护航，而且距离脏器很近，因此腹侧对危险的感知更为敏感，只要人们遇到不顺利的情况，就会立马做出远离的自我保护动作。

## 5　容易被忽略的腿脚动作

在与他人交谈时，你注意过对方的腿脚动作吗？你知道对方的腿和脚都在做些什么吗？如果无法回答这个问题也不必灰心，事实上，绝大多数人很少会注意到他人的腿脚小动作，腿和脚的动作是最容易被忽略的。

在社交礼仪中，关于腿和脚的摆放、动作有十分规范的要求，不过在实际生活中，绝大部分人不会严格遵守，而且大多数时候，腿和脚并不是人们的视线中心，还常常可以藏在桌子下边，随心所欲地摆出自己喜欢、舒适的姿势才是主流做法。

与灵活的上肢相比，腿和脚才是人体中最诚实的部位，如果能够分一点注意力在他人的下肢上，那么，你会很容易发现人与人之间的腿脚动作非常不同，有些人喜欢摇晃或抖动腿脚，有些人喜欢跷二郎腿，有些人腿脚十分规矩地并在一起，有些人会让腿脚大张，还有一些人喜欢脚尖搭在一起……为什么人们的腿脚动作会存在如此大的差异呢？这些不同的腿脚动作背后究竟又隐藏着怎样的心理秘密呢？

### 腿脚摇晃

你身边有没有喜欢抖腿的人？不少人学生时代曾有过一个喜欢在上课的时候抖腿的同学，在职场当中开会时喜欢摇晃双脚的同事也比较常见。实际上，这种摇晃腿脚的动作很容易让周边的人困扰，因为桌子常常会伴随着腿脚动作不断摇晃，而且摇晃的腿脚有时还会不小心碰撞到坐在旁边的人。

如果你仅仅将这种动作视为一种不好的个人习惯，那就大错特错了，实际上这一动作并非表面上看起来这么简单。天生就喜欢摇晃或抖动腿脚的人是不存在的，之所以会有人习惯做出这样的动作，多半是因为其心理因素。经常摇晃、抖动腿脚的人，大多处于一种想逃避却无处可逃的挫折心理，为了掩饰内心想逃的真实想法，只好佯装镇定的摇晃或抖动腿脚。此外，一些多动症患者或者其他疾病的患者也会出现抖动腿脚的动作，这属于生理性因素，在依据腿脚动作识人心的时候，要将其排除在外。

### 腿脚交叉

腿脚交叉即在端坐的状态下，腿部平伸、脚部交叉的动作。从心理学角度来说，腿脚交叉所传达的是一种"封闭保守""保持距离""警惕戒备"的信号。一般来说，人在以下两种情况下，会通过腿部交叉的动作传达"封闭保守""保持距离""警惕戒备"的信号：一是人在处于陌生环境中或有潜在危险的环境中时，会下意识地提高警惕，并与周边一切保持一定的安全距离；二是性格偏于保守、谨慎的人，在面对人和事时也会呈现出一种"保持距离"的疏离感。

### 腿脚打开

腿脚打开即将腿和脚呈八字形打开，这种动作大多出现在成年男性的身上，基本属于男性专属，不管是站立、行走还是在端坐的过程中，成年男性都喜欢打开腿脚的动作。为什么这种"门户大开"的动作很少会出现在女性身上呢？有人认为这是由男女生理构造的生理因素以及男尊女卑的文化因素等原因造成的，不过，从科学角度来看，这种解释实在有些苍白无力。心理学家认为，腿脚打开意在向周围的人传达一种"支配"的信号，在这一点上，男性显然比女性更喜欢支配、控制，男性更强的控制欲和支配欲使得他们更偏爱这种腿脚姿势。

**稍息姿态**

"稍息"属于军队训练术语，也就是稍作休息之意，即将身体的重心和重量集中在一条腿上，而另一条腿处于放松弯曲状态的动作。在社交活动中，如果发现对方的腿脚呈现出这种稍息姿势，那么很明显，现在对方正处于一种比较舒适的心理状态，与腿脚交叉所带给人的"寒冷感"与"距离感"不同，稍息姿势所传达的是一种轻松友好，且富有亲和力的信号。

# 6　通过手掌动作识人心

你看过手相吗？相信每一个中国人对"手相"都不陌生，尽管通过手掌以及手指等处的纹路，判断人的命运看起来并不靠谱，但依然有不少人非常热衷于研究"看手相"。在中国传统相学当中，看手相是一门非常精深的学问，同时"看手相"是一种很好的"社交"手段，通过看手相可以迅速拉近人与人之间的距离。

虽然手掌中的纹路不一定存在秘密，但手掌的动作中却确确实实隐藏着不少心理秘密。手掌只有正反两面，不过透过细小简单的手掌动作完全可以透视到他人内心的方方面面哦！

每个人的手掌骨架及其附着的肌肉、皮肤等组织都不相同，我们在日常生活中看到的手掌也是各种各样，既有肥厚的手掌，也有骨感的手掌，有大手掌，也有小手掌，有柔软的手掌，也有瘦骨嶙峋的手掌，虽然这些手掌在外形上存在差别，手掌上的纹路也是各不相同，不过相同的手掌动作背后所透露出来的心理秘密却是一样的，那么，手掌都有哪些心理秘密可以挖掘呢？

## 双手鼓掌

双手鼓掌的动作虽然简单，在日常工作和生活中也非常常见，但从心理学角度来说，双手鼓掌拥有十分丰富的内涵。一般来说，双手鼓掌的动作背后有以下几层心理含义：一是表示热烈的捧场、肯定、赞扬、加油、鼓劲等，比如在观看赛跑、赛车等竞技活动时，给喜欢的参赛者鼓掌有加油、鼓气的意味，表演精彩时鼓掌则代表对表演者的肯定和赞扬；二是暗含讽刺挖苦，意在给人难堪，让人下不来台，比如在他人出丑、出错的时候鼓倒掌、起哄等；三是敷衍着完成任务，这种鼓掌不掺杂多少个人感情，更接近一种形式主义，只是为了完成任务，比如领导发言完毕，碍于领导的面子不得不鼓掌，这样的鼓掌行为就属于敷衍式地完成任务，没有多少特别的心理含义。

**手心向上**

酒店、餐厅等服务场所的迎宾员，在邀请引领客人时，常常会做出单手略向前伸，手掌掌心向上的动作，与此同时会说诸如"欢迎欢迎""这边请""请随我来"等礼貌用语。此外，西方人也非常喜欢双手摊开，手心向上间或伴有耸肩的动作，在很多美剧中都有这样的经典性动作，他们通常都用这一动作来表示无可奈何。

那么手心向上这一动作究竟有什么心理含义呢？究竟是邀请还是表示无可奈何？著名语言学家皮斯夫妇经过研究指出：手心向上表示坦诚，意在发出没有恶意、顺从、妥协、邀请等信号。面对不熟悉的人，保持警惕和戒心是人的一种安全本能，而把手心摊开给对方看，显然是一种友好的象征。简单来说，手心向上可以降低人们对周围的防备与戒心，能够尽可能地拉近彼此之间的距离与情感，因此，读者朋友不妨学会使用这种十分友好的小手势。

**手心向下**

手心好比是整个手的"心脏"，也是整个手掌中最私密、最脆弱的地方。在面对可能出现危险的情况下，人们总是习惯把最脆弱的地方藏起来，体现在手掌动作上，则是把手心藏起来，即手心向下。

此外，当我们命令他人和拒绝他人时，很可能会激起对方的反抗，为了避免对方的反抗行为，就需要人为强化自己的权威性和威严，而手心向下的动作就是一个很好的方案。从现代社交意义来看，手心向下表示想增加自己的权威性、威严性，尤其是领导在与下属谈话时，经常使用手心向下的手势。

## 7　巧借握手看性格

握手是一种礼仪，人与人之间、团体之间、国家之间的交往都赋予了这个动作丰富的内涵。握手可以传达友好的信号，加深双方的理解、信任；握手也有"言和"之意，可以沟通原本隔膜的情感；握手还有尊敬、景仰、祝贺、鼓励的心理含义，也能传达出人内心深处的淡漠、敷衍、逢迎、虚假、傲慢等情绪。

据记载，握手这一礼节性动作最早发生在人类"刀耕火种"的年代。在狩猎和战争时，人们遇见陌生人，如果彼此都无恶意，就会放下手中武器，伸开手掌，让对方抚摸手掌心，以此来赢得信任。这种习惯经过了漫长的历史发展就逐渐演变成今天的"握手"礼节。

如今，握手已经成为一种最基本的世界性礼仪，不管是迎接宾客、认识新朋友、接待客户还是贵宾等，都离不开握手这一礼仪。虽然握手的动作很简单，但这一动作的背后却隐藏着不少心理信息。

### 握手力度适中且舒适

善于交际的能者们在握手力度上一般都能做到不轻不重，时间不长不短，整体上会给人以舒适的感受，还有一些高手甚至还能适当收缩肌肉以给人弹性圆滑的触感，以便让对方拥有更好的握手体验。如果遇到了这类"社交能人"，那么千万不要错过了学习的机会，懂得合理控制握手力度和手感的人，在性格上都有很大弹性，他们能屈能伸，不管遇到什么事都能做到收放自如，内心自信且有着聪明的头脑，与这类人多接触能够学到不少为人处世以及社交的本领。

### 握手无力且点到为止

相信大家在与人握手的过程中，遇到过这样一类人：他们的手好像没有骨头，不仅软趴趴的，而且握手接触的部位也很浅，时间也非常短暂，常常是刚刚触碰，整个握手过程就很快结束了。从心理学角度而言，这种握手力量严重不足的人，其自信心一般都严重不足，他们不仅没有自信，还缺乏责任感。如果遇到了握手无力且点到为止的人，那就一定要引起注意了，以免摊上帮对方收拾残局的倒霉事。

### 握手紧且时间长

还有一些人，似乎力气很大，在握手的时候力度很强，甚至有点像握住测力计测量握力一样用力，有时还会把人握得手指生疼。在实际生活中，遇到这种人很容易尴尬，因为我们感到手有些疼，可碍于情面又不好直接说出来，只好一边忍着疼痛一边微笑着和对方寒暄，实在是哑巴吃黄连——有苦说不出。遇到握手很紧且时间很长的人，不要厌烦，从心理学角度来说，这类人超级认真、超级赤诚且有耐性，他们只不过缺少必要的圆滑而已，是可以为朋友两肋插刀的真"哥们"。

### 握手生硬且时间短

握手生硬的人并不少见。握手是一种互动式的礼仪动作，一般都是双方共同伸出手来友好地握在一起。如果握手时动作生硬，而且速战速决，那么则说明对方喜欢事事都占主导，会忽略旁人感受，以自我为中心，无法容忍背叛、拒绝或忤逆，表现在握手上则是不管他人是否已经准备好握手，完全按照自己的握手意愿行事，动作生硬似乎有着威慑之意，而且握手的时间不长，一般都是速战速决。如果必须与这样的人交往，那么我们势必做好隐忍的准备，因为他们有脾气就会爆发出来，根本不会顾忌会对周围的人造成怎样的伤害或后果等。

### 握手夸张并摇晃

你经历过非常夸张的握手吗？握手只是一个简单的礼节性动作，讲究有礼有节，不过有一类人与人握手就好似表演戏剧一样，来回摇晃的幅度非常大，甚至大到有些出人意料。行为是内心的一面镜子，夸张的握手动作背后必定隐藏着一颗为人虚夸的内心，这类人非常在意面子，常为了让自己面子上好看吹牛，喜欢出风头。

## *8* 出卖谎言的小动作

如果有人说自己从来只说真话，那他一定在说谎。英国《每日邮报》曾刊登一组关于说谎的调查数据，数据显示：英国人每天平均要撒 4 次谎，其中使用频率最高的谎言是"没啥事发生，我好着呢！"无独有偶，美国也有关于说谎的类似调查，结果也是大同小异，虽然美国人自己也很反感说谎的行为，但善意的谎言无处不在，已经成为人们生活中不可或缺的组成部分。

有人的地方就有谎言，没有民族差异，没有国别差异。我们每一个人都是谎言的制造者，同时也是谎言的受害者。"马上就好""最多五分钟肯定能到""我不在办公室"……相信对这些谎言，我们每个人都非常熟悉，尤其是在面对同事或恋人时，谎言往往会更多一点。

没人喜欢被欺骗，然而生活和工作中却到处充斥着谎言。你想戳穿这些谎言吗？你想了解谎言背后的真相吗？其实，我们完全可以通过对方撒谎时的小动作识破那些逼真的谎言。

心理学研究表明，人在撒谎的时候，为了掩饰内心的惶恐与不安常常会不由自主地做出一些小动作，而这些小动作正是判断是否撒谎的"测谎仪"。

### 眨眼睛

心理学研究发现，人在撒谎时，眼睛的视线一般呈游离状态，这时或目光闪闪躲躲，或眨眼频率异常，也有人干脆直接用擦眼睛或戴眼镜、摘眼镜等动作来掩饰撒谎时眼神以及视线的不自然。

### 摸鼻子

科学家研究发现：人撒谎时，体内会释放出一种激素——茶酚胺，这种激素会让血压上升，进而导致鼻子膨胀，产生刺痒的感觉，为了缓解鼻子的不适感，人往往会自然而然地摸鼻子。

### 抓耳垂

抓耳垂并不是毫无意义的动作，而是有着丰富的心理学含义，抓耳垂传达的心理意义是"我内心很矛盾""我也不是很确定"。人在撒谎时会出现这种心理状态，因此抓耳垂的小动作也就成了判断其撒谎的一个重要因素。

### 捂嘴巴

谎话是从嘴巴中讲出来的，为了掩饰说出的是谎话，人会在无意识中捂住或遮挡自己的嘴巴，这种撒谎小动作大多出现在年龄较小的人身上。

### 搓脖子

排除蚊虫叮咬、长痘痘、皮肤病等生理性原因，如果对方在讲话的时候用手来回搓自己的脖子，且动作十分频繁，来回搓动次数超过 5 次，那么这种情况就必须引起警惕了。搓脖子的小动作在心理学领域也有特殊的含义，意味着对方所说的话并不可信。

### 拽衣领

撒谎者在撒谎的时候，其内心处于一种紧张、惶恐与不安中，这种情绪反应在人体的外在表征上，则表现为突然燥热、出汗等。汗液黏在皮肤上会给人造成不舒服感，因此为了让汗液尽快蒸发，撒谎者常常会通过拽衣领、扇动上衣等动作来加速汗液蒸发。所以如果你看到对方有挥汗的动作，那么不妨进一步试探一下对方是否在撒谎。

### 藏手心

手心是人很私密的身体部位，心理学研究发现，撒谎者在说谎的时候容易出汗，尤其是手心部位容易出汗。尽管手心出汗并不容易被他人发现，但撒谎者还是会下意识地为避免谎言露馅而将自己的手心藏起来。有些人会选择相对封闭的宽松握拳姿势，也有人会把手心放在紧贴裤子或桌子下边等不容易被发现的地方。如发现对方有明显的藏手心意图和动作，那么对方很有可能在撒谎。

### 脚多动

撒谎者一般都十分担心、害怕自己的谎言会被他人发现或被揭穿，所以在撒谎的时候，他们是极度缺乏安全感的。为了缓解内心的这种焦虑不安，往往会选择不断变化的脚部小动作来排解内心深处的压力与焦躁。在日常的社交活动中，我们在关注对方整体姿势的同时，不妨也留心一下对方的腿脚活动，这会十分有利于我们识破周围形形色色的各式谎言。

## *9*　教你识别安慰性动作

人的心理状态呈现出动态变化的典型特征。当我们遭遇失败时，内心充满了灰心、失望等情绪；当我们因为矛盾和最好的朋友吵翻后，内心则是悲痛而又怅然的；失恋会让我们的情绪陷入低谷；亲人去世会让我们对生命产生疑惑或悲愤……俗话说，人生不如意之事常十之八九。那么当人们在遭遇了心理上的挫折后，怎样对自己的心理状态进行调整呢？

调整自我心理状态有不少方法，比如自我暗示、倾诉、运动、看心理医生等。诚然这些都能对自我心理状态的好转产生积极作用，不过人们用得最多的却是安慰性动作。

当人们聚精会神专注于某件事情时，几乎没有什么多余的动作；但当人们被不良情绪困扰时，却常常会不由自主地做出一些没有实质意义的小动作，比如咬嘴唇、抚摸前额等。其实这些在不经意之间做出的小动作就是安慰性动作，可以帮助我们清除内心的垃圾，转移注意力。

那么，安慰性动作都有哪些呢？我们怎样通过安慰性动作打破他人的情绪伪装外表，并进一步了解他们试图掩藏的真实情绪呢？

### 轻咬嘴唇

轻咬嘴唇属于一个相对女性化的安慰性动作，在广大女性和未成年儿童身上比较常见，鲜少在成年男性身上出现。一般，在因犯错而被训斥时，因问题刁钻而无法回答时，给别人带来麻烦而自责时，容易出现轻咬嘴唇的动作。这一动作有自责的心理意味，咬嘴唇可以掩饰自己的尴尬，减少内心的不安。

### 摩擦前额

摩擦前额的小动作在日常生活中是一种非常常见的安慰性动作，常常会在下棋、考虑他人的提议等情境下出现。绝大多数人很容易忽略这一安慰性小动作，殊不知其背后有着丰富的心理学意义。这种安慰动作几乎不受大脑的自主控制，它就像自然的条件反射一样，一旦遇到这种纠结、发愁等情绪，大脑的边缘系统就会自动发送行动信号。在社交活动中，如果我们发现对方有这样的小动作，那么基本可以判定对方正陷入了某种麻烦当中，如果能及时给予好的建议或意见，很可能会迅速成为他们的座上宾。

**揉搓脸部**

你看到过揉搓脸部的动作吗？这是一种极具心理安慰性的动作。一般来说，人们内心的不安程度与安慰性动作的幅度有着密切的关联，也就是说内心越焦躁、不安，安慰性动作就会越明显。越用力。如果你看到有人在用力地揉搓脸部，那么，毫无疑问，他的情绪简直不能再糟糕了。揉搓脸部就好像早晨洗脸一样，表示可以从头开始、重新再来，能给人们躁动的内心带来莫大的安慰。

**触摸颈部**

安慰性动作不少，不过在众多的安慰性动作当中，没有任何一个动作比触摸颈部的意义更重大。从心理学角度来说，该安慰性动作可以作为判断是否说谎或隐瞒某种重大信息的有力根据。在现实生活中，女性更偏爱这种安慰性动作，感到害怕、危险、威胁时，就会情不自禁地触摸自己的颈部，并以来此来缓解内心的不安。

**拍打胸部**

单手拍打胸部是一个很友爱、很温暖的安慰性动作，这个动作看起来就好像安抚自己的心脏一样，仿佛轻轻拍打几下胸部，就能让加速跳动的心脏恢复到正常状态。一般来说，拍打胸部的动作常常发生在"心跳事件"之后，比如突然被惊吓、终于躲过了责罚、极度紧张等。

**其他动作**

除了上述安慰性动作外，还有不少其他的安慰性动作。个体性的差异使得人们会选择不同的安慰性动作，比如有些人喜欢嗑瓜子，有些人爱嚼口香糖，有些人会不停抽烟，还有一些人会通过一些手部小动作、抛硬币、抓衣角等来缓解内心的不适。基于此，我们在判断他人的行为是否属于安慰性行为时，一定要灵活，不要刻板地根据某一安慰性动作来进行判断。

# 第三章 言谈万花筒：听懂话里话外的心声

# 1　言谈会泄露真实的心理动机

在现实生活中，言谈是人们最主要的沟通方法，俗话说"言未出而意已生"，我们司空见惯的言谈正在泄露我们的真实心理动机。尤其是那些欲言又止、说话吞吞吐吐的人，更容易泄露其真实的心理密码和真实动机。

"二战"中期，东条英机出任日本首相，在公布消息之前，此消息一直对外严格保密。虽然各报记者都竭力追逐相关大臣进行采访，希望得到一些可靠消息，不过都一无所获。这时，一位懂点心理学的记者，在认真思考后想出了一个办法，他认为虽然大臣们不会直接说出谁将出任首相，不过只要问题提得巧妙，对方的表情或肢体动作就会不自觉地露出某种迹象，说不定就可以从中探得秘密。

于是，这位聪明的记者提了这样一个问题：此次出任首相的人是不是秃子？当时首相一职有三名候选人，其特征分别是秃子、满头白发、半秃顶状态。东条英机就是其中的半秃顶。负责接待记者的大臣并没有直接给出具体的答案，而是迟疑了一小会儿。不过聪明的记者却从中找到了自己想要的答案，如果是秃子或满头白发，那么大臣必然会不加迟疑地答出来，而这位大臣却迟疑了一会，很显然他在思考半秃顶是否属于秃子的问题。借助心理学知识，这位记者挖到了独家新闻。

心理学研究发现：说话时也正是人们的心理防范意识最薄弱的

时候，因此在说话的时候，人们往往会在无意中泄露出自己原本想掩藏的一些事实。言谈虽属小事，但却是观察他人性格的好时机。

### 热衷于倾诉的人

如果在和对方相识不久且交往一般的情况下，对方还忙不迭地把心事一股脑儿地倾诉给你听，摆出一副苦口婆心的模样，虽然这些举动非常令人感动，不过最好还是不要与他们分享你的秘密。这类人对一切事物都没有什么深刻的印象，也是最守不住秘密的人，他很容易就会把你的秘密以同样的方式宣扬出去。也许他是无心的，但从长远来看，这很可能会给你带来意想不到的麻烦。所以千万不要附和他所说的话，最好是不表示任何意见。

### 传播小道消息的人

有些人经常喜欢散布和传播一些所谓的内幕消息，他们消息十分灵通，不管是领导们的私人小八卦，还是某某同事搬家、失恋等，说起来头头是道。通常，他们传播的小道消息，常常让别人听了以后感到忐忑不安。其实他们这样做的目的只是为了引起别人的注意，满足一下他们不甘久居人下的虚荣心。他们并不是心地太坏的人，只要被压抑的虚荣心获得满足之后，他们也就消停无事了。

### 说话总跑题的人

有的人在和别人谈话时，经常把话题扯得很远，让你摸不着头绪，或者不断地变换话题，让别人觉得莫名其妙。心理学认为：

这种人有着极强的支配欲和自我表现意识，很少把别人放在眼里，我行我素，惯于让别人去听从他的主张，以他的意见为主导。政府官员和企业领导等人常会有这种习惯。其实，透过这种表面现象，可以看出他们担心大权旁落的心理状态，也可以说，他们属于喜欢占据优势地位的人。话题内容的不断变化固然是个好现象，但如果只是普通人，却总说些没有头绪的话题，那就说明对方此时的思想很不集中，比较缺乏理性思考。

**经常使用"嗯""这个""那个"等的人**

经常使用如"嗯""这个""那个"等的人，一般不善于思考，即便是思考也会无头绪、无条理。常用"但是""不过"等连接词的人，思考力较强，即便是在讲话时，脑子里也会进行过滤求证，他们能言善辩、头脑敏锐，做事大多比较慎重。不过，这类人说话难免时断时续，这是缺乏自信心的表现。

## 2  千万不要忽略言谈方式

在日常社交活动中，你留意过他人的言谈方式吗？言谈的内容固然十分重要，但言谈的速度、语调、抑扬顿挫等言谈方式也很重要。言谈方式的形成并不是一朝一夕，而是长期形成的一种言谈习惯，那么这种言谈上的习惯又来源于何处呢？答案很简单——性格。反过来也是一样，言谈方式是性格的一种外在投射，所以我们自然可以反过来通过言谈方式来判断一个人的性格。

不同的人有不同的言谈方式，语速、音调、韵律等都会存在差别，且都会受到讲话时的情绪以及场合等因素的影响，俗话说"万变不离其宗"，即便人与人的言谈方式各不相同，但也并非是毫无痕迹的，只要我们稍作观察，就能够看破他人的真性情。

### 言谈速度

言谈时的语速是了解对方心理的关键。在言谈方式的特征中，首推语速。说话速度快的人，大多能言善辩；说话速度慢的人，则较为木讷。不过平日能言善辩的人，有时也会忽然结结巴巴地说不出话来；也有些平时木讷，讲话不得要领的人，说到某个话题时突然滔滔不绝地高谈阔论。遇到这种情况，必定是出现了什么异常，对此我们应仔细观察，并深入分析查找原因。

大体而言，言谈速度比平常缓慢时，表示内心不满，或对某人怀有敌意；相反，当言谈的速度比平常快时，表示自己有短处或缺点，心里愧疚，言谈内容可能有虚假。

有位评论家曾说："男人如果在外面做了亏心（风流）事，回到家里，必定滔滔不绝地与太太讲话。"从心理学的角度看，这种情形是因为，当一个人的心中有不安或恐惧情绪时，言谈速度会变快，并试图凭借快速讲述不必要的事，来排解隐藏于内心深处的不安与恐惧。但是，由于没有充分的时间冷静思考，所以话题内容往往空洞无趣。在职场中，也会经常发生类似的情况。如果平时沉默寡言的同事，忽然变得格外多嘴时，那么他的内心必定隐藏着不欲人知的秘密。

### 言谈音调

从言谈的音调中可了解他人的心理。与说话速度同样重要的另一个反映人们的心理变化的因素即音调。以丈夫在外做亏心（风流）事为例，如果被太太识破的话，则其强辩的声音必定会立刻升高。日本一位作曲家曾在杂志样刊中叙述道："当一个人想反驳对方的意见时，最简单的方法就是提高嗓门——提高音调。"的确如此，人总是希望借着提高音调来壮大声势，并试图压倒对方。

在有女性参加的座谈会上，如果有批评牵扯到某位女士，被批评的那位女士通常会猛然发出刺耳的叫声，就像机关枪似的强力反驳，往往会使得与会者哑口无言。从心理学角度来说，音调高的声音是一种精神未成熟的象征，说明对方的情绪有些急切、激动，并试图快速改变现状。

### 言谈韵律

从言谈的韵律可以了解对方的心理。在言谈方式中，除了语速和音调之外，语言本身的韵律（节奏）也是判断对方心理状态的重要因素。

一般来说，充满自信的人，谈话的韵律大多为肯定语气；缺乏自信的人，或性格软弱的人，讲话的韵律则多是慢慢吞吞的。经常滔滔不绝地谈个不休的人，性格都比较外向，一般是盛气凌人且好表现自己的人。还有一些人，在言谈末尾时常常语意不清，很容易给人模棱两可的印象。采用这种方式谈话的人，大多缺乏责任心和承担心，他们会有意躲避言谈的责任，遇事缺乏主动承担的勇气。

## 3 打招呼暴露一个人的性格

中国是礼仪之邦，遇人打招呼是一种最基本的礼貌和美德，我们每天都要打招呼：遇到领导、长辈喊"您好"，看到同事说"早啊"，碰见好朋友可能会直接来一个拥抱，看见年龄小的小朋友则是摸摸头……我们面对不同的人，打招呼的方式也会有所差异。不同的人在打招呼这件事情上的反应和做法也会存在差异。

虽然打招呼的方式因人而异，但从打招呼和应答的方式中，可或多或少地反映出人的性格。打招呼时两人之间的距离，可显示出双方心理上的距离。在相互打招呼的时候，如果能观察一下对方与自己所保持的距离，就可以洞察出对方的心理状态。比如对方在打招呼的时候故意后退两三步，也许他自己认为这是一种礼貌谦虚的表示，但这种小动作往往会被人误解为冷漠的表现，以致双方难以开怀畅谈。事实上，这种有意拉长距离的行为一般可视为警戒心、谦虚、顾忌等情感的表现。如果你在打招呼时下意识地保持距离，会造成对自己有利的气氛，而使对方的心理状态处于劣势。

与人打招呼的时候，你的眼睛一般会看向哪里？你会做什么样的小动作呢？千万不要小看这些打招呼时的小细节，它们背后往往隐藏着你不知道的心理学秘密。

### 遇到熟人就躲避

遇到熟人打招呼是再正常不过的事情了，如果特地躲避，并以此来避免直接遇到，避免和对方打招呼，那么此人心中一定有"鬼"。那么，这种遇到熟人就躲避的行为背后究竟有怎样的心理动机呢？一般说来，具体心理动机主要有三个：一是内心极度自卑，甚至患有社交恐惧症，不愿意见到熟人，更羞于上前打招呼；二是所遇之人实在是碍眼，令人心生厌恶，所以不如避开，眼不见心不烦；三是可能做过亏欠对方的事情，所以相当心虚。

### 直视眼睛打招呼

有些人在打招呼时，会一直凝视着对方的眼睛，同时点头打招呼。心理学研究指出：直视对方有攻击性意味。如果其打招呼的时候直视对方的眼睛，那么，他们只不过是想利用打招呼来推测对方的心理状态，并企图显示自己的优越感。这类人的戒备心和自我防卫之心很强，不愿意让别人看透自己的心事。需要注意的是，千万不要在这种人前暴露自己的缺点，否则会被他们瞧不起。此外，要想和这种人接近，还应特别注意诚意。因为在他们看来，打招呼不是为了拉近彼此之间的距离，而是一种试探，只有足够的诚意才能让他们敞开自己真心的大门。

### 避开视线打招呼

有很多人，尤其是女性在与人打招呼时往往不敢直视对方的眼睛，而是将自己的目光转移到其他地方。从性格上来说，这类人大多偏于内向，甚至有些自卑，所以害怕与陌生人接触，他们胆子很小，而且很怕摊上什么不好的事，所以在与人打招呼的时候显得羞怯、扭捏、过分小心翼翼，为人处世方面比较缺乏自信，敏感多情的性子使得他们天生情感丰富，所以一旦陷入消极情绪中就会很难摆脱出来。

### 点头致意打招呼

在现实生活中，我们还常常遇到用微微点头方式打招呼的人，一般多见于年纪大的老者、资历深的老员工、职位较高的领导等人。那么这种打招呼的方式有什么心理动机呢？一般来说无外乎以下三种：一是对于不熟悉的人为了表示礼貌，这类人常常会以这种疏离态度的方式打招呼；二是打招呼的对象处于劣势地位，领导与下属打招呼、长辈与小辈打招呼时就常常是点头致意；三是此时有正事需要忙，用于打招呼的时间十分短促，所以招呼动作随之从简。

**拍拍肩膀打招呼**

拍打肩膀的打招呼动作表面看起来似乎十分亲密，不过其实际心理意义却并没有这么简单。这种行为的心理学动机并不单一，该动作暗含关系亲密之意，还有彰显自己的优势地位，令对方产生畏惧或顾忌的心理。如果这个小动作的背后也有潜台词的话，那么可能是："我可是占据优势地位的一方""你不要轻举妄动，否则我可要发威了"。

## 4　口头禅是下意识的表现

"听说""我晕""好呀好呀""醉醉哒"……现实生活中，有些人会有自己的口头禅。这种习惯性语言，自己很难留意到，但别人却会清晰地感受到。口头禅，是人潜意识的条件反射，能不经意间透露出其个人信息和个人性格。它是人内心中，对事物的一种看法和态度，是外界的信息经过内心的心理加工，形成的一种固定的语言反应模式。口头禅不仅能够反映人的情绪和心态，还能间接地折射出一个人的性格。

作为一种下意识的表现，口头禅其实也是人们的一种心理宣泄通道，积极的口头禅，催人奋进，而有的口头禅，则带有消极的意味。现代人生活压力大，心态变化快，通过口头禅来倒倒苦水，让心理有一个舒缓、宣泄的通道，也是有益于人们的心理健康的。

那么，不同的口头禅背后都有怎样的心理状态和真实情绪呢？以下是一些常见的口头禅，让我们看看这些常见的口头禅背后都藏着什么。

### "亲爱的！"

如今，"亲爱的"早已经不是爱人间的专属昵称，女女之间、男女之间、男男之间，办公室里、大街上、邮件或短信中……随处都能听到以"亲爱的"为首的祈使句。

"亲爱的，帮我一个忙""亲爱的，顺便给我带杯咖啡吧"……这类请求非常常见。经常把"亲爱的"挂在嘴边的人，传统观念较淡薄，愿意改变自我，遇事积极主动，对人际关系观察敏锐，但有时多变，易受情绪影响。

### "可能、或许、大概"

经常把这些不确定的词作为口头禅的人，一般自我防卫本能比较强，不会轻易袒露内心的真实想法。在待人处世方面很冷静，不会轻易做出保证，是典型的"事后诸葛亮"。一般从事政治的人，多有这类口头禅，并用这类口头禅隐藏自己的真心。

### "听说"

经常把"听说""据说""听××说"这类话挂在嘴边的人，大多见识比较广，处事也比较圆滑。之所以常用这样的口头语，是为了给自己留有余地。

### "事情不是这样的"

这类人，虽然很有主见，也比较任性，但其实他们的内心很脆弱，一旦被人误解或错怪，就会非常受伤。他们一般是"刀子嘴豆腐心"，只要给予必要的尊重和关怀，就会死心塌地地把你当成忠实的合作伙伴或知心朋友。

### "我晕"

经常把"我晕"作为口头禅的人，性格非常活泼，待人也很坦诚，不隐讳个人感情，不过容易意气用事。这类人习惯在潜意识里夸大事情真相，并在表露于口头禅的夸张情绪中反映出来，其实很多时候，事情并没有想象的那般糟糕。他们擅长从广度上发现问题，但不擅长从深度上思考问题。

### "好呀好呀！"

经常把"好呀好呀"挂在嘴边的人，性格爽朗，热情大方，内心善良，待人接物也很随和。不过他们实在是太随和了，所以在一些重要事情和关键问题上，常常没有自己的主见和坚定的立场，是非常典型的"老好人"。

**"我不行"**

爱说"我不行"的人，性格上比较谨小慎微，内心自卑而敏感，自我价值感不高，做什么事都害怕做错。贬低自己是他们的精神常态，缺乏自信心，整个人看待事物也比较消极悲观。

**"凭什么呀"**

经常把"凭什么呀"作为口头禅的人，性格很正直，凡事较真，非常在意公平不公平，他们内心尊崇人人平等的价值观。对于那些看不惯的事情，常常会心理失衡，急于愤世嫉俗。总之，就是看不惯那些与意愿相悖的事，并以"凭什么呀"这句口头禅，来鸣不平，缓解内心的郁闷，这类人有一些典型的"愤青"情结。

**"都是骗人的！"**

显然，这句口头禅的意思难免偏颇，且带有明显的情绪色彩。把这句话当作口头禅的人，不会轻易相信他人，性格多疑又偏执，他们深信世界上充满了谎言，对待他人的言行总是充满了怀疑。和这类人相处会有些困难。

## *5* 说错话背后的玄机

关于说错话的情景，相信大家都不陌生。下面我们来看一些说错话的例子：

**例一**

一位医学教授在给学生们讲解了关于鼻腔的解剖、构造等不容易弄明白的问题后，教授专门问学生，"怎么样？大家现在都明白了吗？"

学生们齐声回答："明白了。"

接着，这位自命不凡的教授，一面伸出一只手指一面说："真是难以置信，懂得鼻腔的人，即使在维也纳那样的大城市里，也只有一个。噢，不，说错了，只有五六个人。"

**例二**

有一次，澳大利亚的下院议长在主持大会的开幕时，不知不觉说道："诸位，现在清点到会议员人数。在此，我宣布闭幕。"直到听到大家的笑声，这位下院议长才意识到自己说错了话。

……

在日常生活中，几乎每个人说错过话，在绝大多数人看来，这似乎并不是什么大事，认为只是"一时的马虎，无意中走了嘴"。对此，弗洛伊德等心理学家却有不同的见解，他们认为这种说错话的现象，有着重要的心理意义。

说错话或做错事，并不仅仅是因为一个人对待事情马虎不够用心。在心理学家眼中，这个问题显然要复杂许多。弗洛伊德认为：马虎并不是我们自身的原因，马虎是被压抑的，无意识的欲望和感情，突然出现而造成的。

就像孩子们在游泳池里学游泳，靠着救生圈或大球可以很好地浮在水面上，但是当岸边的朋友突然来到这里，并大声喊出他们的名字时，孩子的注意力会被吸引，并专门回头去看，这时原本靠着救生圈或大球得到的平衡就被破坏了，紧接着孩子的身体就被抛入水中，身下的游泳圈或大球便浮了上来。这种无意识的世界，就像巨大的游泳池，而说错话，就好像这个游泳圈或球，由于马虎，我们刚一失去平衡，被压抑的欲望和感情，便从底下抬起头来。

说错话的背后往往隐藏着真实的心理活动。拿上述两个例子来说，教授本应该说"五六个……"而错说成"只有一个"，显然，这位教授的潜意识里，藏着"真正懂的，只有我一人，老子第一"这种骄傲自满的情绪；澳大利亚的下院议长在会议刚开始的时候就宣布闭幕，这其实是反应了他内心承受了巨大的压力——当时的议会受到在野党的猛烈攻击，其中的艰难难以形容，也正是因为这种外在的巨大压力，使得这位下院议长急切地希望这次的会议能够尽快结束，以便早点结束这种内心无比煎熬的状态。

此外，被压抑了的厌恶情绪也会让我们在不知不觉中说错话。

A 的妻子患了重病，一直和 A 关系很差的同学在传递这则消息时，则错误地说成了 A 患了重病，直到不少同学去医院探望才知道原来患重病的是 A 的妻子。

有时，悲伤、消极的情绪也会让人说错话。生活在日本的一位大龄单身女在找工作面试时就犯过这样的错误，当面试官问及她的出生年月时，她张口说道"昭和十一年生"。很显然这个答案不怎么靠谱，于是面试官又重复问了一遍，这时大龄单身女才意识到刚才自己说错话了。

在日常社交活动中，千万不要忽视他人一不留神的口误，其实越是人们在不经意、不思考的情况下顺嘴说出来的话，越能表现人们的真实心理活动。只要我们善于对其进行分析和深入挖掘，就能听懂人们口误背后的真实心声。

# 6　通过声音窥探对方内心

闭着眼睛，你能听出窗外是哪一位家庭成员在说话吗？爱听音乐的你，能在清唱、没有任何伴奏的情况下，听出你最喜欢的歌手的声音吗？不看手机屏的来电显示，你能听出电话那头的人是谁吗？……相信不少人都拥有"听声认人"的技能。尤其是那些我们非常熟悉的人，比如父母、兄弟姐妹、闺蜜、死党、老师、领导等，听出他们的声音并不困难。

每个人的声音都有其独特的音色，只要是熟悉对方的人，即便是在不见其人只闻其声的情况下也能判断出对方是谁。不过声音的作用可远不止如此，在心理学家的眼中，声音还是窥探他人内心的秘密工具。

从单独个体来说，声音也是富有变化的，在面对不同的人、身处不同的场合、听到不同的消息、在不同的心情等情况下，其说话的声音是有着巨大差别的。面对小朋友时，声音幼稚而友爱；面对犯错的下属时，声音低沉而又充满威严；面对爱人时，声音也会变得软绵绵，充满了温柔和爱意；面对他人的质疑时，声音会自然拔高为自己辩解……声音确实可以出卖人内心深处的小秘密。只要我们掌握了一定的心理技巧，就可以从他人的声音里听出他们内心的真实心声。

### 声音缓慢

有些人说话时声音缓慢，而且不管发生什么状况，多么十万火急，对方说话的声音还是不紧不慢的样子，他们说话一直都是慢条斯理的。从心理学上来说，这类人做事稳重，对金钱和名利没有太大欲望，他们内心没那么在意得失，所以自然遇事不会惊惶。在职场上，他们比较缺乏危机意识和紧迫意识，没有拼搏的勇气与精神，比较适合那些没有挑战的工作。

### 声音急促

如果对方平常说话都不快不慢或比较慢，但突然就变得急促起来了，那么可以判断出对方内心正处在急躁、不安、躁动的情绪当中。人在着急的时候，声音会变得急促，只有在受过特别明显的刺激后，声音才会突然变得急促。如对方不管什么时候声音都是一副火急火燎的样子，那么对方肯定是个"急性子"，干什么都特别追求效率，无法忍受拖拖拉拉的行为。

### 声音较小

在日常生活当中，我们常常会遇到说话声音比较小的人，他们的声音像"蚊子嗡"一样，声音小到稍有噪声就听不清他们在说什么。那么声音较小的背后都有哪些心理秘密呢？一般来说有两种情况：一是内心极度内向自卑，不敢在人前大大方方说话，所以自然而然声音又小又低；二是属于行事极其低调的一类人，他们说话声音虽小，但发声时却没有丝毫扭捏之感，而是大方、优雅、礼貌，他们大脑聪慧，内心活动复杂，比较擅长伪装成一副"太平"表情，其嘴巴比较严，很擅长保守秘密。

### 声音较大

有些人在日常说话时总是比常人的嗓门要大，声量要高。喜欢用"大嗓门"说话的人，性格多比较豪爽、心直口快，遇事大大咧咧，心里藏不住什么秘密。

**声音尖细**

一般女性的声音比男性更为尖细，如果男性声音尖细，则代表其性格比较偏于女性化，缺乏大男子气概，心思比较细腻，情感比较丰富，容易受外界影响。如果女性的声音十分尖细，则代表她是一个"锱铢必较"的人，大脑聪慧，行动灵敏，但眼里绝对容不得半点沙子，敢爱敢恨，假设被欺负了，他们一定会不惜一切代价地找回场子。

**声音粗重**

说话声音粗重的人，大多身材健壮，多见于男性，女性较少。一般来说，这类人在性格上比较老实憨厚，没有什么心眼和心机，他们性格泼辣，不太计较规矩、礼法等，从不伪装自己，说话直来直去，比较有粗野之风。

## *7* 语速变化与心理活动的关系

除了极个别有生理缺陷的人，我们对说话技能都非常熟悉，说话就像呼吸一样，并不需要费多少力气，也不用浪费多少脑细胞。

表面看起来，人们想说话的时候就会说，不过从人体的生理角度来说，说话这一行为的发生机制并不简单，而是十分复杂的，说话不仅涉及大脑的语言中枢、思维活动，还与人的情感以及态度息息相关。随着人们情感以及思想的变化，说话时的语速节奏也会不自觉地发生变化，而这种变化恰恰可以帮助我们洞悉对方的心理。

据美国联邦调查局的高级情报人员透露，语言所表达出来的并不仅仅是话语里的意思，它是一个十分复杂的综合性系统，其中不仅包含了语意，语音以及语速、说话节奏等也是组成该系统的重要部分之一。毫不夸张地说，只要是没有语言障碍的人，几乎都有其独特的说话方式和语速规律。在社交活动中，如果你想洞悉他人想隐藏的心理秘密，那么就一定要留意对方说话时的语速节奏变化。

### 语速由快转平

语速与一个人的心理状态直接相关，从心理学角度来说，语速从快转变到平缓的过程，意味着对方的内心正在恢复或试图尝试恢复平静状态。

如果是在演讲或发言中，语速突然由快转平，那么通常，语速由快变平的地方就是他们想要强调的内容，为了让大家听得更清楚，他们会特地放慢说话时的语速。此外放缓语速还有对即将要说的话进行强调的作用，可以提醒大家集中注意力。

如果对方在与人讨论或争辩的过程中，语速由快转平，则表示对方已经基本上认定了目前的结果，不打算再继续讨论或争辩下去了。

**语速由平转快**

绝大多数情况下，人们的讲话语速都是相对中等、正常的，既不是很快也不会很慢。如果对方一直在用正常的语速讲话，接着突然间就发生了变化，加快了语速，那么其背后一定有深层的心理原因。可能的原因有两个：

一是对方内心感到焦躁或不耐烦，所以想尽快结束讲话，加快语速就是想尽早结束的外在表现，这可以让处在负面情绪中的内心获得一定的安抚。

二是突然听到令人震惊或出乎意料的消息，这时，人们在说话时也会不自觉地提高声调、加快语速，并以此来表达情绪上的波动。

**语速由慢变快**

有些人平时说话慢条斯理，可突然就声音变大、说话语速变快了，且所说的内容大多是反驳或发泄。相信很多人都曾遇到过这类人。

实际上，语速突然间由慢转快，具有深层的心理因素。心理学家们认为这表明对方受到了某种外界刺激，且这种刺激是负面的，会给人带来"恼羞成怒""不服气"等情绪。

如果对方常常是被人一说就马上加快说话语速，那么基本可以断定，其人必定是个急性子，尤其是在自己说话的时候对于他人的插嘴没有任何容忍度，他们性格张扬而精明，在说话这件事上绝对不允许自己被舆论打败。

**语速由快变慢**

人与人的性格不同，成长经历和受教育程度也不同，所从事的职业和工作的环境也存在巨大差异，因此讲话的习惯也是千差万别，具体到说话语速上也是有差别的。

一个喋喋不休、语速颇快的人，如果突然间讲话速度变得慢吞吞，甚至是一句话都要断断续续说上老半天，那么此时他们的内心必定是缺乏信心的，是自卑而怯弱的。据此不难推断，他们很有可能受到了某种指控或者指责、质问，面对他人的责备，他们底气不足，十分心虚，所以自然而然就会变得磕磕绊绊，甚至连语音也会变得含混不清。

## *8* 语气是情绪的最直接表达

语气是非常神奇的声音元素，同样一句话用不同的语气说出来，所传达的意思和效果也会产生巨大的差异。比如"嗯"，如果用疑问的语气说出来，所传达的就是一种不确定的心理信息；如果用肯定的语气说出来，则表示确定、同意；而用低落的语气说出来，则会产生委屈的心理意思。

不同的语气可以传达出不同的含义，"我讨厌你"如果用撒娇的语气说出来就是情人间的"甜言蜜语"，可换成了恶狠狠的语气就成了"厌恶"情绪的宣泄。在日常的社交活动中，你留意过他人的说话语气吗？其实，只要我们对他人说话时的语气关注多一点，那么对他人的心思也就能猜透得深一点。

尽管在不同说话情境下，语气是不断变化的，但每个人都有一种或某几种十分惯常使用的说话语气。殊不知正是这类最为常用的说话语气，恰恰用另一种比较隐秘的心理语言描画着我们的心理地形图。

## 语气亢奋

亢奋的语气最常见于感染力非常强的演讲、朗诵、誓师大会、动员大会等场合。这种语气与我们正常说话时的语气有着相当大的差别，亢奋的语气要更加强烈、更加高昂、更加激动人心……

从心理学角度来说，使用亢奋语气讲话的人，表明他们的内心也是相当不平静的，正处在亢奋、激动的状态下。亢奋语气极具煽动性和触动性，使用这种语气频率较高的人一般颇有"舆论领袖"的潜能，比较适合从事讲师、培训、主持等工作。

**语气暧昧**

暧昧的语气在情侣、恋人、夫妻之间最为常见，不过如果你以为暧昧语气只存在于两性关系中，那就狭隘了。

所谓语气暧昧，即没有明确、肯定的态度，面对他人的提问或疑惑，既不明确答应，也不直接拒绝，而是给出一个模糊不清、模棱两可的答案。

如果在工作当中，经常使用这种语气说话，那么可以断定这类人是职场中的"老油条"，不想回答的问题，他们能借助"暧昧语气"顺利应付过去，他们性格中缺少担当和责任心，他们对承担责任异常恐惧，面对抉择时常常会犹豫不决，为人不干脆，处世十分圆滑，很少得罪人。

**语气积极**

积极的语气多呈现出声调上升、上扬的特征，这种升调的语气会给人一种积极向上、充满希望、阳光乐观的心理感受。说话时常用积极语气的人，内心充满自信，对于新鲜事物，有较强的好奇心和尝试欲，即便遭遇挫折和困难，也会乐观地投入热情。也正是因为这种超乎常人的精气神，所以他们看起来总是神采奕奕的样子，言谈举止大方，遇事冷静、乐观、理智，属于兼具应变力、责任心的一类人。

**语气消极**

你身边有整天唉声叹气的人吗？这类人在生活中非常常见，他们常常杞人忧天，像祥林嫂一样四处讲述自己的苦难和不幸。经常用消极语气说话的人，其内心也比较悲观，他们性格大多比较内向，有些自卑，哪怕是好事，到了他们眼里也只能看到"糟糕"的那一面。

遇到好事怕乐极生悲，碰到了麻烦事就更是唉声叹气，是此类人的通病。经常用消极语气说话的人，做事比较谨慎，凡事都会三思而后行，但胆小，决策时缺乏魄力，害怕风险和不确定性，对未知有恐惧情绪，缺乏挑战自我的勇气。

### 语气严肃

还有一类人，他们说话的语气很"官方"，就像新闻联播中的主播一样，语气不悲不喜、不高不低，说话时语气几乎没有什么明显变化，这些说话语气一本正经的人究竟在想些什么？

一般来说，说话时总是语气严肃的人，其内心活动和想法可能有以下两种情况：

一是为了给他人传递"我不满意，不高兴"的信息。比如当下属犯错超出上司的容忍范围时，上司的说话语气就会不自觉地严肃、低沉起来。

二是对方是一个严肃、刻板、传统的人，这类人性格沉稳、严谨、缺乏乐趣和活力，因此在说话语气上也不可能情绪外露、一惊一乍。

## *9* 从称呼中看关系亲疏

每个人在生活中都扮演着多重角色：在父母面前，我们是儿女、是孩子；在同学面前，我们是同窗、学习上的伙伴；在小朋友面前，我们是大哥哥、大姐姐、叔叔阿姨；在领导面前，我们是下属……

人在社会中扮演的角色不同，称呼也就不同。你斟酌过怎样去称呼某人吗？你留心过别人都是怎样称呼他人的吗？

小小的称呼很容易被忽略，殊不知称呼完全可以体现出人与人之间的关系亲密度。从心理学角度来说，彼此越是不熟悉，称呼就越加正式、尊重，如果双方已经非常熟稔了，那么彼此之间的称呼也会变得轻松随意起来。

人与人之间的称呼会随着彼此心理距离的变化而变化，透过称呼上的变化我们可以清晰地洞察到彼此之间的熟悉程度，以及彼此之间的关系究竟是好还是坏。基于此，我们完全可以通过称呼来鉴别人与人心理距离上的远近。

### 昵称

昵称，顾名思义就是只有关系十分亲密的人之间才会使用的称呼。昵称也可以称为"小名"，一般多见于父母对孩子、丈夫对妻子、男朋友对女朋友、好朋友之间、哥们之间。

从心理学角度来说，昵称的出现往往在传递三个心理信息：

一是两个人之间关系比较亲密，比如妻子称呼丈夫为"小猪"等；二是喊出昵称的一方有调戏或套近乎的意图，比如有些男性遇到不太熟悉又比较感兴趣的女性时往往会喊"亲爱的""宝贝"等昵称；三是为了尽快缩短双方的心理距离，让双方的关系更亲密，比如幼儿园老师面对刚刚转学来的陌生小朋友时，也会使用昵称，其目的就是为了拉近和小朋友的距离，取得小朋友的信任，让小朋友对新老师和新环境尽快熟悉起来。

**尊称**

"尊称"，即带有尊敬意味的称呼，如"女士""先生""前辈"等，在日常生活当中，这种称呼非常常见。

从心理学角度来说，使用尊称的心理动机主要有三种：一是对方非常值得尊敬，比如长辈、上司等，使用尊称可以很好地表达发自内心的敬重之情；二是双方彼此十分陌生，为了表示礼貌、客气，所以往往选择尊称、敬称，比如初次见面时会说"您好"；三是为了讽刺挖苦或开玩笑等，比如原本十分熟悉的朋友，突然用搞怪的语气称呼其"老板""领导"等，这种尊称大多是为了有趣好玩以及活跃气氛等。

**诨称**

"诨称"就是我们通常所说的小名、外号，从心理距离上来说，"诨称"比昵称更为亲密，表明双方是交心的感情。

"诨称"多用于亲密的"同学""发小"以及长辈和晚辈之间等。比如长辈们常说的"坏小子""疯丫头""臭宝宝""小坏蛋"等就属于"诨称",字面上看这些称呼都不怎么友好,似乎带有贬义,其实传达的则是浓烈的喜爱或又爱又恨其不成器的感情。

**代称**

他、她、我家那位、孩子爸、孩子奶奶……这些都属于代称。在日常生活中,代称也是非常常见的一种称呼。在讲话过程中用代称主要是表达两种心理信息:

一是彼此关系亲密,但在对待感情上十分内向,不善袒露,也不善于表达,比较羞涩,所以常常会用诸如"孩子妈""家里那位"来代称自己的伴侣。

二是双方很陌生,不认识或接触很少,所以一时之间实在不知道该如何称呼才好,这时在与旁人谈到此人时常常会使用"代称",比如"大胡子""盘发女"等。

**直称**

在社交场合,似乎直呼其名是一种不太礼貌的称呼,不过从心理学上来看,直呼其名其实也是关系亲密的一种表现,只有关系相对亲密的人才会用名字直接称呼,比如熟悉的同学之间、兄弟姐妹之间等,正在交往的男女朋友有时也会直呼其名,这是占有欲的一种鲜明体现。

## *10* 看透话题背后的心理动机

日常生活中，我们每天都在制造或参与各种各样的话题：和同事商讨某项具体工作的事情；公司开会公布最新的业绩和市场情况；周末和好朋友一起运动聊减肥；过节的时候和家人商议怎么过……

有人的地方就离不开交谈，而有交谈的地方就必然会有话题。新闻、明星、电视节目、电影、购物、旅游、运动、饮食、工作、感情、家庭等都是最大众、最主流的话题。你留心过他人谈论的话题吗？你知道自己的朋友最喜欢谈论什么话题吗？

在心理学家们看来，谈话中的话题有着十分丰富的内涵，话题可以引导大家的谈话方向，调动大家的谈话热情和参与度，还能展现其内心深处的秘密。

人们引发不同的话题背后有着各式各样的心理动机，不同的话题引发方式也隐藏着特定的心理秘密，比如有些人用直接询问的方式引发话题，也有的人会顺着旁人的话语加以引导。那么，话题的背后究竟隐藏着怎样的心理秘密呢？

### 工作话题为主

有一类人总是在谈论工作话题，工作期间谈论，周末休息时间也谈论工作，外出和朋友聚会也是谈论工作，外出度假也放不下工作的话题，和家人的交流也有很多的工作话题。你身边是否有这样的人呢?

这类人大多属于"工作狂人",口能言心,他们时常把工作的话题放在嘴边,是因为"工作"是他们生活中最重要、最关键、最在乎的组成部分。这类人头脑聪慧,十分在乎事业上的成就感,精力十分旺盛,而且也非常愿意努力工作,所以大多在自己的职业领域有一些或大或小的成绩。

### 娱乐话题较多

电视剧、电影、明星、八卦、综艺节目……相信每个人身边都有一个娱乐"女王",一般喜欢这类话题的女性较多,男性较少,他们对各个明星的消息、历史如数家珍,娱乐界的消息十分灵通。

从心理学角度来说,这类人性格活泼开朗,朝气蓬勃,精力旺盛,情绪比较多变,喜欢寻求各类刺激,比较善于接受新事物。这类人就像一个能量十足的"小太阳",如果你正好有这样一个朋友,那么你也会跟着他们变得开朗阳光起来。

### 喜欢时政话题

街头巷尾、公园里都是"时政发烧友"最容易出现的地点。每个人身边都有几个喜欢谈论时政问题的人,时刻关注国内国际新闻是他们生活的一部分,而且非常有政治主见,不管谈到什么国家大事,他们都能情绪激动地侃侃而谈。

从心理学角度看,常以时政为话题的人大多心怀天下、胸襟广大，做事情有全局观念和整体观念，性格沉稳严谨，有主见且不畏强权，即便是面对诸多质疑，照样可以面不改色地说出自己的真实思想与理念。

## 钟爱打探隐私

××家的孩子谈了个对象黄了，××家的兄弟两昨天晚上又干架了，YY的远方表哥做生意发大财了，听说××家的儿媳妇很懒……生活中有很多热衷于打探并传播他人隐私的"大喇叭"。他们就像"福尔摩斯"一样，多么私人的消息都能打探到。

从心理学方面来说，这类人多具有很强的支配欲望，内心渴望成为"舆论上的领袖"，对事有非常强烈的好奇心，而且他们和福尔摩斯一样，具有十分出色的察言观色、逻辑推理能力，属于比较聪慧且观察能力较强的一类人。

## 谈论家庭话题

"我家正在装修，下周就要去看家具了""今天真是开心，我老公居然早起做早饭了""到暑假了，我家孩子作业好多，还想带他出去旅游呢"……对于这类话题，相信绝大多数女性会感同身受。

从心理学角度来说，喜欢以家庭或家庭成员为话题的人多为女性，且是已婚女性。她们有很强的家庭观念，没有多少事业心，更在意家庭和睦，喜欢平淡的生活，她们十分关心自己的家人，甚至会主动为了家庭而心甘情愿地放弃自我，是一类相当有牺牲和奉献精神的人。

# 11　说话时的动作不可忽略

人在说话的时候，通常会伴有一些嘴部小动作，除了拥有特殊技艺"腹语"能力的极少数人以外，每个人说话时嘴唇都会产生不同幅度的翕动，伴随着说话时内心情绪、心情以及说话内容的变化，嘴唇还会做出一些无意识的、不易引起他人注意的小动作，比如噘嘴、抿唇、咬唇、舔嘴等。

其实，除了嘴部的小动作，人在说话时还会有一系列的大动作，比如手部动作、腿脚动作、躯干动作、头部动作等，前文中我们已经对此进行了相当详细的剖析和说明，此处主要针对说话时的嘴部动作进行解析。

嘴巴说话时的小动作是人内心思维的一种外在反射，可以帮助我们看透他人的真心实意，是微表情识心的重要渠道。

那么，人在说话的时候都有哪些常见的嘴部小动作呢？这些小动作的背后又有着怎样的心理玄机呢？

### 说话舔嘴唇

当人们感觉到自己的嘴唇十分干涩时，出于自我保护的本能就会条件反射地去舔嘴唇。如果排除嘴唇干涩的外部因素，那么人们还会舔嘴唇吗？舔嘴唇的心理动机又是什么？当遇到心仪的异性或动情时，我们会情不自禁地舔自己的嘴唇，尽管这时候它一点也不干涩。用心理学知识对其进行剖析不难发现：舔嘴唇表示对即将到来的事情十分期待，且有些急不可耐了。

### 说话咧嘴唇

说话时咧嘴唇，即在说话的间隙做出把嘴巴朝某一边咧开的动作，常常会伴有冷哼。这一微表情也常在倾听他人说话时产生。

从心理学角度来说，这种嘴部动作代表着等着看他人笑话或非常不屑的心理。总的来说，常咧嘴唇的人不怕名人与权威，只要是他们心里不爽就会表现出来，内心十分坦荡，直来直去，没什么城府。此外，当人被触到痛处又不好反驳，进而说话敷衍对方时也常常会做出这种嘴部动作。

### 说话抿嘴唇

你在与他人交谈的时候，有看到过对方抿嘴的小动作吗？

相信绝大多数人曾遇见过。从心理学角度来说，抿嘴唇代表着思考，与人交谈时对方如果抿起了双唇，则说明他根本没在认真听你说话，因为他正陷入自己的思维活动中，或许此刻正在思考接下来要说些什么，也可能在思考是不是答应对方的提议，亦或是对于提出的不合理要求感到比较为难等。

总的来说，喜欢在说话的时候做出抿嘴动作的人，做事一般比较稳妥，逻辑思维能力也比较强，处世很谨慎。

**说话噘嘴唇**

你在说话间隙会噘嘴巴吗？你看到过他人在说话间隙噘嘴巴吗？

从心理学角度来说，说话间隙的噘嘴动作也是一种无意识行为，主要有两层心理意义：一是其本意是想撒娇，从而获得众人的关注，这类人性子跳脱，保留着孩童的天真与性情，渴望获得更多的关心与爱护；二是内心十分不满，对于刚刚的谈话或人、事等并不认同，不过迫于各种因素又不好直接开口反驳或否定，于是只能通过噘起嘴唇的动作来表达自己的不爽。

**说话咬嘴唇**

在说话的时候或间隙咬嘴唇是一种非常普遍的现象，多见于女性以及未成年人，成年男性身上则很少会看到这种表情。

心理学家认为：咬嘴唇是一种自我惩罚的方式的外在反应。通常，这一表情多发生于以下情景：被他人指责而无言以对时，因犯错而被批评时，自己的辩护没有足够的说服力时……下意识地咬嘴唇可以减轻人内心的自责，可以对内心起到安慰的作用，让我们心里稍微好受一点。

　　如果是在说话结束后或间歇咬嘴唇，则说明其内心正处于自责的愧疚中，也有可能是对刚才说过的话有些不确定，当然也有可能是赤裸裸的谎言哦！

# 第四章　姿势大全集：不同姿势不同心理

# *1* 站姿中的心理秘密

"站姿是性格的一面镜子。"如果你仔细观察周围的人，就很容易发现站立这种简单的动作也是百人百样。心理学研究发现，一个人的站立姿势与其性格特征有着十分紧密的关系，只要我们善于观察，就可以通过他人的站立姿势探知其心理活动。

在现实生活中，常见的站立姿势主要有以下几种类型。

**攻击型的站姿**

表现方式：将双手交叉抱于胸前，两脚平行站立。

性格特征：他们的叛逆性很强，时常忽略对方的存在，具有强烈的挑战和攻击意识。对他们而言，自由是发挥创造性的最佳环境，在工作中，他们不会因传统的束缚而放不开手脚，即使偶尔被束缚，他们也会竭力打破这种束缚。这种人的创造能力比其他类型的人发挥得更淋漓尽致，这并不是因为他们比别人聪明，而是因为他们比他人更敢于表现自己，并因此得到了更多的表现机会。与这种人进行合作时，给他们最大的自由发挥的空间，可使双方得到最大的成果。

**思考型的站姿**

动作特征：双脚自然站立，双手插在裤兜里，且反反复复插进去又拿出来。

性格特征：这类人小心谨慎，凡事三思而后行，遇到决策或选择时，常常前怕狼后怕虎，迟疑很久也做不了决定。他们在工作中缺乏灵活性和主动性，往往生硬地解决问题，事后又后悔。

这种人的可贵之处是他们把爱情看得很神圣，不会轻易喜欢上一个人，但一旦喜欢了就会比较忠诚。他们还善于思考和想象，大多有自己宏伟的梦想殿堂，不过大多经受不起失败的打击。

**古怪型的站姿**

动作特征：双脚自然站立，偶尔抖动一下双腿，双手十指相扣在胸前，大拇指相互来回搓动。

性格特征：如果要举行游行示威，这类人往往是走在最前面扛着大旗的人。他们表现欲强，喜欢在公共场合大出风头，性格上争强好胜，容不下别人，这也使得他们的人际关系不是特别好，难有知心朋友。

**社会型的站姿**

动作特征：双脚自然站立，左脚在前，左手习惯于放在裤兜里。

性格特征：这种人人缘不错，善于处理人际关系，不给他人出难题、添麻烦，为人敦厚笃实。时常站在他人的立场替对方着想，所以如果是从事销售工作，其业绩大多还是相当不错的。

这种人喜欢安静，看起来文质彬彬，但一旦愤怒，往往会暴跳如雷。在男女关系上，他们的信条是"男人不必为女人活着，女人也不必为男人活着"，对待感情能做到顺其自然。这类人的爱情常常充满浪漫色彩，因为他们讨厌把感情建立在金钱上，也很不愿听到别人说他们是为了什么目的而与某人交往。

**服从型的站姿**

动作特征：两脚并拢或自然站立，双手背在身后。

性格特征：这类人在感情上比较急躁，常常会对一个人猛追紧缠，也经常发誓非××不娶，不过他们的内心并没有这么坚定，如果经受爱情的长期考验，多数人会成为爱情中的逃跑者。

这种类型的人比较好相处，很少会对别人说"不"，属于比较随和、敦厚的一类人。在工作中开拓和创新精神比较欠缺，对于公司的各项决策也基本没有反对意见。他们的快乐来源于对生活的满足，知足常乐是他们的人生信条，不愿与人争斗的个性既带给他们美好的心情，也带给他们平和的生活。

**抑郁型的站姿**

动作特征：两脚交叉并拢，一手托着下巴，另一只手托着这只手臂的肘关节。

性格特征：这类人大多是工作狂，对事业很有自信，工作起来十分投入，废寝忘食的行为对他们来说并不是多么辛苦的一件事。从性格上来看，他们多愁善感，表情丰富，且喜怒无常。不过他们对这个世界很有爱心，所以尽管有些喜怒无常，但仍然能得到不少朋友们的喜爱。

## 2 坐姿里的真实性格

看过京剧曲段《智取威虎山》的人，可能都知道，杨子荣在初见座山雕时，座山雕的坐姿就非常"有范"，他架着二郎腿，端坐在老虎椅上。拥有多年侦察员经验的杨子荣，虽然不懂专业的心理学知识，但却凭借识人看人的经验，准确揣测出了座山雕的心理活动，知道这种坐姿是座山雕想凭借居高临下的优势，用气势吓住自己，以便探听出自己的来路和虚实。正是因为读懂了座山雕坐姿背后的心理活动，杨子荣才能从容镇定地与其进行周旋，并取得了他的信任。

坐姿可以显露一个人的个性，洞悉他人坐姿背后的心理状态对社会交往有着非常重要的意义和价值。千人千面，不同的人习惯采用的坐姿也往往大不相同，因此我们必须细心观察揣摩，才能作出正确的判断。

那么，人们常见的坐姿都有哪些？背后又都隐藏着怎样的心理结论呢？

**坐姿悠闲**

动作特征：半躺而坐，双手抱于脑后。

性格特征：这种人性情温和，与任何人都合得来，也善于控制自己的情绪，因此能得到大家的信赖。他们充满朝气，似乎干任何职业都能得心应手，加之他们比较有毅力，往往都能获得某种程度的成功。

**坐姿放荡不羁**

动作特征：两腿放得很宽，两手没有固定的地方。

性格特征：从心理学角度来讲，这是一种开放的姿势，这类人喜欢追求新意，常常会成为引领潮流的"先驱"，不喜欢做随大流的事情，总是想标新立异，做一些别人不能做的事，不太在乎他人的评价。

**坐姿冷漠**

动作特征：右腿交叠在左腿上，两小腿靠拢，双手交叉放在腿上。

性格特征：表面看起来似乎这种人很容易亲近，但事实上却并非如此，他们个性冷漠，对同学、亲人、朋友等，总会有意识地炫耀自己的各种心计。

**坐姿古板**

动作特征：两腿及两脚跟并拢靠在一起，十指交叉放于下腹部上。

性格特征：这类人性格比较古板，内心非常固执，听不进别人的意见，工作压力很大时会缺乏耐心，会显露出极度厌烦和反感的情绪。他们爱夸夸其谈，遇到挫折时反而缺少求实的精神，多数具有相当丰富的联想能力，却缺少行动力。

**坐姿坚毅果断**

动作特征：将大腿分开，两脚跟儿并拢，两手习惯放在肚脐部位。

性格特征：这种人有勇气和决断力。行动力非常强，一旦决定了某件事情，就会立即采取行动。能大胆追求新生事物，也敢于承担社会责任，不过有时候会有些武断。

**坐姿腼腆**

动作特征：把两膝盖并在一起，小腿随着脚跟分开成"八"字样，两手掌相对，放于两膝盖中间。

性格特征：这类人性格内向、保守，非常容易害羞，甚至还会脸红，不太喜欢人多的社交场合。他们的感情非常细腻，但并不温柔，因此这种类型的人经常使人觉得很奇怪。

**坐姿自信**

动作特征：将左腿交叠在右腿上，双手交叉放在腿部两侧。

性格特征：这种人天资聪明，有才气，协调能力强，这也促使他们拥有较强的自信心，而且坚信自己对某件事情的看法。不足的是，当他们完全沉浸在幸福之中时，会有些得意忘形。在他们的生活圈子里，他们总是喜欢充当领导的角色，所以有时会给人居高临下的感觉。

**坐姿谦逊**

动作特征：将两腿和两脚跟紧紧地并拢，两手放于两膝盖上，坐得端端正正。

性格特征：这种人性格内向，为人谦虚，虽然行动不多，但踏实努力，能够为实现自己的梦想而埋头奋斗。"一分耕耘，一分收获"是他们的信条，尤其讨厌只会夸夸其谈的人。与人相处常为他人着想，所以朋友不少，人缘不错。

## *3* 走姿是脚下的心理地图

法国心理学家简·布鲁西博士发现，人的性格与行动有着很大的关系，所以从一个人走路的姿势也可以推断出其当时的心理状态。

仔细观察我们周围的人，很容易会发现，每个人的走姿有自己的特点：有的人步履轻盈，体态端庄，使人觉得斯文、优美而庄重；有的人步伐矫健，动作敏捷，给人以健壮、活泼、精神抖擞之感；有的人则弓腰腆肚，或俯身驼背，走姿看起来令人不太舒服；还有的人走路时上下摆动，左右摇晃，给人以轻薄、猥琐之感……

此外，同样一个人在不同的场合，走姿也有所区别。比如：在病房里或阅览室走路轻而柔，室内走路轻而稳，在婚礼上的步子要欢快、轻松，在丧礼上，脚步则显得沉重、缓慢，在花园里散步要轻而缓……

一个人的走姿除了能显示自己的教养与风度之外，还能表露出一个人的心理活动。

### 走路自信

走起路来，抬头挺胸收腹，手臂在身体两侧很舒适、很放松地来回摆动。目光坦荡，毫无怯意，这种走姿就属于自信的走姿。一般来说，总是用这种姿势走路的人，内心非常自信，步伐平稳，同时他们又不会目中无人，而是走路时会很细心地看着别人，面上常带微笑。

走路非常自信的人，常常会给人以愉快的感受，周围的人也会受到感染，因而他们很容易成为人群中的焦点，也比较招人喜欢，容易结交到大量的朋友。

### 走路垂头丧气

相信你一定遇到过这样走姿的人，他们低着头，驼着背，含着胸，身姿一点也不挺拔，且目光畏缩，只盯着脚下的地方看，走路的过程中也很少会与他人打招呼，呈现出一种自我封闭的状态。

从心理学角度来说，当人在感到很沮丧、很绝望、很灰心的时候，头部往往就会无意识地低垂着，双肩也会跟着耷拉着，他们不仅步伐无力，整个人没精打采，眼睛里也丝毫没有精气神，整个人会有种颓废感。大家一般不愿意和这类人交朋友，因为他们的负面情绪实在有点多。

### 走路很高傲

你是否见过这样一类人：他们走路时就像一只高傲的公鸡一样，自以为高人一等，自以为比别人更优秀，所以总是拿下巴看人。这类人的走姿最鲜明的特征是，下巴抬得很高，昂着头，与此同时手臂也会非常夸张地来回摆动。

走路很高傲的人，走路时很少会注意到身边的人，性格上以自我为中心，总认为自己是焦点，大家都在看着自己，所以走起路来更加高傲。要收腹、要挺胸，还要专门弄出比较大的声响，让周围人听到。不过如此故作姿态，就难免姿势呆板，双腿僵硬，总的来说这类人做事深思熟虑，但又充满了固执的意味。

### 走路很胆怯

走路时，只有脚尖着地，而不是脚掌整个着地，姿态上有点驼背，步伐上犹犹豫豫的，这就是典型的胆怯式走姿。一般用这种姿势走路的人内心有点胆怯或者对别人的感情没有把握，而且很担心侵犯别人，或者给他人带来不便，他们非常安静，所以你也许都听不见他们走进房间的声音，周围人也常常因此忽略他的存在。

**走路保守**

对于保守而又呆板的人来说，他们的走姿通常是那种能够反映他们的个性的保守而又呆板的步态。这种人的步伐很快，常常走小碎步，手臂的动作也是很机械呆板的。这类人常常坚持己见，墨守成规，所以不要期望他哪一天会做出惊人之举来。

## 4　睡姿是无声的心理语言

人的一生当中，有三分之一的时间是在睡觉当中度过的。睡觉是每个人都不可缺少的生活元素，能够让我们的大脑得到及时休息，体力得以恢复，精力得以保持。

毫不夸张地说，睡觉对于任何一个人来说都是一件非常惬意、享受、放松的事情。心理学研究发现：越是在这种特别放松的状态下，一个人的真实性格以及内心的真实想法才越容易暴露出来。

人在睡眠状态下，大脑处于一种"休息"的状态，这时候人的一举一动都是大脑不加思考和控制的心理本能，因此我们最容易从一个人的睡姿窥测出其个性和内心里不为人知的秘密。

与人的坐姿、走姿和站姿一样，不同的人睡姿也是千姿百态：有些人很有气势，睡姿成大字形，一副唯我独尊的帝王睡相；有些人的睡相很美，会让人想起优雅、恬静的睡美人；还有人睡觉时竟然可以像时钟一样旋转，每隔一段时间看他，他的头就会在不同的方位。

大体来看，人们的睡姿主要有以下几类：

**侧卧**

中医学认为正确的睡觉姿势应该是向右侧卧，微曲双腿。左侧卧的话会给心脏带来一定的压力，睡眠效果不如右侧卧好。

不过在实际生活当中，左侧睡或右侧睡的人都有，这种睡觉姿势即便有一些弯曲，人的身体也是整体舒展的，呈现一个比较舒服的状态。从心理学角度来说，这类人文质彬彬，待人诚恳。即便遇到困难和挫折也绝不会灰心，而是会正确地面对错误，改正错误，通过不断的进步来获取个人的幸福。

还有一些习惯侧卧的人，整个身体是蜷曲的，弯曲的部位也比较僵硬，不管是肌肉还是骨骼都处于十分紧张的状态。心理学认为这是缺乏自信心和安全感的体现，一般来说这类人缺少肚量，喜欢斤斤计较，做人吃不得小亏。一旦他们认为自己吃亏了，就容易引起情绪的爆发，因此平时最好不要去招惹他们。

### 俯卧

从健康角度来说，俯卧并不是一种好的睡觉姿势，这种姿势会让脊柱弯曲，增加肌肉及韧带的压力，这种睡姿无法让人在睡觉过程中得到充分休息。此外，还会增加心脏、胸部、肺部及面部的压力，导致睡醒后面部浮肿，眼睛出现血丝。

从心理学角度来说，喜欢俯卧人心胸狭窄、自我意识强烈，以自己为中心，且希望大家众星拱月似地围绕在自己身边，理所当然地觉得自己所想的就是大家所想的，自己要做的就是大家要做的。他们非常在乎大家对自己的看法，眼睛里却看不见或者看不起大家，因此人缘比较一般。

### 仰卧

仰卧就是身体平躺，根据身体平躺时手脚摆放位置的不同，仰卧可以分为三种姿势。第一种是"大"字形平躺。这种平躺姿势是最为舒展的，整个人平躺在床上，手和脚自然地向各个方向伸展，身体高度放松。习惯这种睡姿的人，往往都是那种热情奔放、真诚坦荡、喜欢自由自在的人。他们不喜欢被约束，缺少工作和消费的计划性，有时会导致工作拖沓和手头紧张。

第二种姿势是头枕双手的"丫"字形。拥有这种睡姿的人，是头脑活跃、喜欢钻研的人，与人交往时，他们常常会走神，冷不丁地冒出一两句跟你所说的话题无关的话语来，让你觉得丈二和尚摸不着头脑。这类人极富创造性，脑海里时不时会冒出新主意、新点子、新想法。

第三种姿势，动作变化出现在腿上。有的人睡觉的时候，习惯跷着二郎腿，这种人本性善良，遇到问题容易固执己见、自视清高，比较喜欢一成不变的生活，即便每天都三点一线也没关系，只要不改变他的习惯。

**其他卧姿**

除了上述睡姿外，还有一些人的睡姿比较另类，比如睡觉时睁眼、睡觉蒙着头等。睁眼睡的人应该是一种病态，中医叫"睡卧露睛"，西医叫"眼睑闭合不全"，睁眼睡容易导致眼病，还是早看医生为好。蒙头睡会导致呼吸不到新鲜空气，不值得提倡，而且蒙头睡的人内心世界和现实表现的落差比较大，性格也略显孤独。

## *5* 拿烟姿势透露的信息

吸烟有害健康，但现代社会还是有数量非常庞大的烟民。你自己吸烟吗？你身边的朋友吸烟吗？在社交场合，你见到过吸烟的人吗？

一般说来，人们的吸烟姿势各不相同，不同的吸烟姿势反映出不同的心理，如果我们能在社交场合多留心一下他人的拿烟姿势，那么判断他们的内心活动也就会变得简单容易。

H 就职于一家大型家具公司，主要负责销售工作，一直业绩平平。毫无出众业绩的他，有一天销售成绩突然大幅增长，这令公司上上下下的人都感到非常不可思议。

有好奇的同事向 H 请教经验，他笑着回答说："我有高人指点。"同事一听，更好奇了，问："什么高人指点，说话不要只讲一半，专门吊人胃口呀。"H 十分无私地分享了自己的经验："我有一个好朋友是心理咨询师，我专门从他那里学了一点心理小技巧，通过吸烟的姿势可以判断出客户的性格，根据客户的性格来选择制定销售策略，自然要更容易成交啦！比如：O 形拿烟法的客户说的比唱的好听，千万不能光听他说话，否则很容易跳进他设的陷阱；握拳式吸烟法的人比较自卑，对待他们要小心，千万不要伤到他们的自尊……"

千万不要小看拿烟、抽烟的姿势，这些很容易被忽略的细节当中隐藏着非常多的真实心理信息。

比如：仰头向上吐烟的人很有自信，常常会给人一种居高临下的感觉；向下吐烟说明此时的情绪非常消极，心里有很多疑虑，此外还有可能对方是在思考。从心理学角度来说，吸烟的速度和人的情绪积极性正相关。如果吸烟的速度很慢，说明事情很棘手，他正在焦头烂额地想办法。

一个人的神态举止都是其内心世界的真实反应，我们可以从他人拿烟的姿势来判断他的心理。

### 握拳式拿烟法

这些人大多有过贫穷和饥饿的经历，所以他们形成了节约的习惯。他们的内心有深深的自卑感，即使他们取得了很大的成就。

面对这些人，你一定要小心谨慎，每说一句话、每做一个动作都要考虑他们的感受，以免触到他们的伤疤和痛处而得不偿失。

### 标枪式拿烟法

标枪式拿烟法就是把烟夹在拇指和食指的尖端，其他手指则缩向掌心，看起来好像是抽烟的人在投标枪。这些人往往脾气暴躁，给人一种很凶狠的感觉。

面对这些人，你要积极地和对方周旋，回绝对方的霸王条款。

### O 形拿烟法

O 形拿烟法就是对方用大拇指和食指的指尖拿烟，两根手指形成一个小圆圈，其他手指则非常优雅地伸展开来。这些人往往说的比唱的好听，可是他心里正在为你设置一个陷阱，等着你跳下去。

面对这些人，你要多长一个心眼，不但要听他说的话，还要分析他讲话的内容，否则就会被他捉弄。

总之，不要抱怨与人交流太难，而主要是你忽视了很多细节。你应该学会发现，善于观察，因为即使一个平常的吸烟动作，一个随意的拿烟姿势，都在无声地告诉你他的性格和心理。

## 6　不可不留心的自拍姿势

说到"自拍"，相信每一个人都非常熟悉。随着智能手机的普及，手机自拍已经成了很多年轻人自娱自乐的日常休闲活动，与此同时，一些年龄较大但与时俱进的中年人和老年人也纷纷加入到了自拍的行列中来。

在自媒体平台分享自拍照早已经不是什么新鲜事。我们在晒自拍照，同时也能在朋友圈看到他人的自拍照，不过你在浏览朋友圈里的自拍照片时，留意过大家的自拍动作吗？

在自拍的时候，你会摆出什么样的姿势呢？你的朋友又喜欢怎样的姿势呢？

自拍照的动作和表情是多种多样的，不同人对于拍照动作又有着不同的偏好。千万不要小看一张张不怎么起眼的自拍照，其拍照动作可是与人的性格直接挂钩的哦！不同的自拍动作背后隐藏着真实的性格秘密。

下面我们挑选了最常见的 6 种拍照动作，并一一进行详细的心理学分析。

### 招财猫姿势

招财猫造型，顾名思义就是这类人的拍照姿势与我们常见的招财猫一模一样，一只手弯曲上举做打招呼状，有些人还喜欢同时做出鼓脸动作。从性格上来说，他们大多是非常活泼可爱的人，性子欢脱，平日里活蹦乱跳，不仅招人喜爱还是朋友圈里的"开心果"和"活宝"。

### 剪刀手姿势

这种姿势在自拍当中最为常见，从心理学角度来讲，喜欢剪刀手自拍姿势的人性格上大多非常开朗、活泼，不管遇到怎样的困难和挫折都不会悲观失望，属于与生俱来的"乐天派"，与人相处也比较和善，而且一有什么新鲜事就都忍不住会与人分享。

### 手托腮姿势

用一只手托住下巴或脸颊，然后故作深沉状……似乎每个人身边都有几个喜欢这种自拍姿势的死党、朋友等。表面看起来这个造型实在有"装忧郁""装深沉"的嫌疑，但实际上他们忧郁的眼神、飘忽的视线以及正在思考的神态等并不是假装出来的。这类人在感情上大多经历坎坷，曾受过某种伤害，不过他们并没有因此消沉，反倒是越挫越勇，属于生活当中相当有人格魅力的一类人。

### 睡眠式姿势

这种姿势在自拍造型中也比较常见，即双手合十作枕头状，然后歪头做"熟睡"造型。心理学研究表明，喜欢这种拍照姿势的人大多内心缺乏安全感，非常渴望得到温暖，性格上或多或少有一些依赖性，依赖对象大多为家人、伴侣等。这种依赖性表现在生活和工作中则是很少独自外出或行动，似乎无论做什么都是结伴而行。他们性格十分温和，待人也相当和善，如果是女性则多为淑女，如是男性则多为温文尔雅的绅士。

### 八字手姿势

"八字手"顾名思义就是一只手摆出"八"字放在贴近下巴的位置，然后头向某一侧稍微倾斜的拍照姿势，这种拍照姿势的流行最初起源于某牙膏广告，因此也被戏称为"名人牙膏"姿势。一般而言，喜欢这种自拍姿势的人，内心大多充满自信，性格潇洒而充满活力，精力比常人要旺盛，不过他们是闲不住的性子，每天都会把自己的生活安排得相当充实。

### 双手心姿势

所谓"双手心"造型就是双手上举，以头部为支撑点，用双臂摆出"心"形的姿势,喜欢这种拍照姿势的人有着十分丰富的情感与敏感的内心,他们待人有爱心,容易感动,在生活和工作中比较情绪化,渴望被爱,而且渴望得到周围人的关怀。

## *7* 请不要忽略端杯姿势

水是人体的重要组成部分,不管我们是谁,从事什么职业,身处什么地方,是开心或者不开心,我们都需要喝水,而且需要每天喝水。

喝水就离不开水杯,在日常生活中,有各种各样的水杯可供选择,形状、花色各不相同。从心理学角度来说,从使用的水杯样式和风格也能看出一个人的性格,比如使用可爱风格杯子的人,有一颗长不大的童心;喜欢不带花纹和装饰杯子的人,性格大多比较严肃……

除了喝水外,还有很多需要用到杯子的地方,比如喝茶、喝酒、喝咖啡……虽然不同杯子的使用功能和形状有差异,不过一个人端杯子的姿势却往往是相对固定的,一个人的端杯习惯和姿势则是其真实性格的直接反应。

尤其是在社交类的饭局上，大家举起手中盛有酒水饮料的杯子集体"干杯"时，只要我们注意观察，就能注意到他人的端杯姿势。那么各种各样的端杯姿势背后都有哪些心理秘密呢？

### 举杯摆臂

这种端杯姿势在酒桌上较为常见，即在站立或端坐时，一只手端着酒杯左右摇晃，滔滔不绝、激情澎湃地发表自己的高论，另一只手摆着各种手势为自己助势。

从心理学角度来说，用盛着酒水的杯子做"演讲"道具的人，性格上是武断冲动型，他们自信而直爽，待人会有一些傲慢，凡事以自我为中心，而且非常喜欢四处炫耀自己的酒量，尤其爱以"千杯不醉"自居，还不允许旁人反驳。

总的来说，这类人脾气暴戾、性格嚣张，不太容易相处，如果在社交场合遇到这类人，自己又无力抗衡的话，那么还是避开比较明智。

### 举杯上端

举杯上端，即喜欢把酒杯或杯子举起来，举到胸前或脖子同等高度的位置，一边轻轻啜饮，一边与人交谈的姿势。在社交活动中，这也是一种非常常见的端杯姿势，尤其多见于鸡尾酒会、咖啡厅等场合。

从心理学角度来说，喜欢这种端杯姿势的人，大多喜欢卖弄风情，他们喜欢一边举杯上端轻轻啜饮，一边停下来用眼神注视着自己感兴趣的人，更有甚者会一边深情注视一边将杯中的酒水饮尽，这种举动表示对注视的人有浓厚兴趣，且十分欣赏，他们此举的目的在于引起对方的注意，并进一步深入了解交往。不过这种情况多出现在感兴趣的异性之间，过于暧昧的眼神再加上酒精的催发，很容易迅速拉近彼此的距离。

**手持杯柄**

为了拿取方便，很多杯子都专门设计了杯柄，比如用于喝白酒的小杯、茶杯等不少都设计了杯柄，此外夏季夜市中烧烤摊上非常常见的"扎啤杯"也往往有一个很方便的把手。

从心理学角度来说，拿杯子习惯性拿把手的人，其性格多中规中矩，他们为人做事都相当传统，喜欢按照规矩做事，虽然缺乏一鸣惊人的创造力，但其踏实本分的性格使得他们待人做事都相当稳妥可靠，这弥补了创新能力不足的缺陷。

**手端杯底**

手端杯底，即用手掌握住杯子的底部，然后五指上伸包裹住杯子下半部分的姿势。这也是一种非常常见的端杯姿势。

从心理学角度来说，惯用这种端杯姿势的人，为人做事有一套自己的观念和原则，性格上大多比较强势，甚至会强势地要求他人必须按照自己的规矩来，一般在领导方面比较有才能。这类人十分懂得什么时候该放，什么时候要收，尤其在管人方面有一套，比较会笼络人心。

**手握杯身**

手握杯身是日常生活中常见的端杯姿势，也是绝大多数人比较习惯的一种姿势。

从心理学角度来说，习惯性握住杯身的人，性格大多温柔，如是女性则极富同情心，心地善良，待人温和，遇事替他人着想，不过不善于明辨是非，性情非常单纯，所以容易偏听偏信；如是男性则性格柔弱，内心缺乏安全感，在社交方面相当活跃，并希望可以通过结交更多的朋友来满足自己被爱、被关注的心理需求。

# *8* 打电话姿势暴露心理活动

早晨拿手机听着歌出门，在公交或地铁上一边坐车一边玩手机游戏，上班时间用手机联系他人，下班回家用手机播放自己喜欢的电视或电影，临睡前用手机定好第二天的闹钟……这就是 21 世纪一个年轻人非常典型的一天。

手机已经成了我们身体的一部分，哪怕是忘了拿钱包，相信绝大多数人也不会忘了拿手机。随身携带手机，随时接打电话是现代人的主流生活方式。拨打或接听电话的行为基本上是随处可见，不过，你注意过他人在接打电话过程中的小动作吗？

人的一举一动都与其内心有着某种关系，电话通话时，人们的注意力主要集中在通话内容上，因此这时候的一举一动都是在无意识状态下产生的，是最自然最本真的姿态，所以也就更容易透露出此时的情绪状态以及个性特征等。

在心理学家看来，拨打电话以及通话时的动作都是一种内心情绪和心理状态的外在影射。换句话说，只要我们仔细分析他人接打电话时的行为和状态，就可以洞悉对方心理的小秘密。

### 通话时悠闲而舒适

悠闲而舒适的通话姿势很常见，尤其是在一些风景优美的景区、度假区、休闲区，我们更容易看到这种通话姿势：或半躺在沙发或躺椅上，或极其放松地靠在椅背上，或一边喝着冰镇饮料一边日光浴，或手扶栏杆远眺风景……

这类人即便是打电话也能打出"贵族范"，他们在接打电话时会摆出非常舒适的姿势，无形之中给人一种舒适、休闲、享受的气息。

从心理学角度来说，喜欢用这种姿势接打电话的人，性格一般比较沉稳，属于泰山崩于前也面不改色式的人物，非常懂得享受生活，也擅长在生活中制造一些小情趣，因此他们的生活通常是五彩斑斓、十分精彩的。

### 通话时会来回走动

你见过接打电话时来回走动的人吗？这是一种非常常见的接打电话姿势，他们很少会呆坐着通话，或许认为这样实在太无趣，通常是一边说话一边来回走动，很少一直坐在一处或站在一处。

从心理学角度来说，这类人大多厌恶生硬刻板，有非常旺盛的猎奇心，容易被未知的事物吸引，喜欢各种新奇的小玩意，耐性比较差，缺乏恒心和意志力，遇到挫折和困难就很容易滋生出退缩、焦躁等负面情绪。专注力上有所欠缺，难以把精力和注意力一直集中在某一件事情上，做事容易三分钟热度。

### 通话时拨弄电话线

固定电话基本都会有电话线，但手机则没有电话线，如今使用固定电话的人相对少了，而手机用户则非常多，基本上人手一部。有些人在拨打固定电话时会拨弄电话线，如果通信工具用的是手机，则会摆弄钥匙扣、书包上的小挂件、手边的橡皮和笔等小物件，或者摆弄自己的手指。仔细观察你周围的人，你会发现有这类习惯的人不在少数。

从心理学角度而言，这类人生性豁达，待人和善，性格也十分乐观，不管发生什么事情都不会陷入迷茫和绝望之中，他们就像一个小太阳一样，充满着温暖的力量，所以在日常生活中人缘都不错。如果是一边接打电话一边涂鸦，则说明对方在艺术方面比较有天分，内心情感丰富而细腻，他们喜欢不切实际的幻想，对待感情比较喜欢追求浪漫与情调。

**通话时做琐碎工作**

还有一些人接打电话永远是一副商业精英的样子，他们在接打电话的同时也不闲着，会做一些诸如整理文件、清理办公桌面、擦桌子等不怎么需要用脑的琐碎工作。

从心理学角度来说，有这种习惯的人，时间观念都比较强，哪怕是两三分钟也非常在意效率问题，进取心也很强，拥有强大的自控能力，对待工作也非常有责任感，工作态度认真，事业心重，是典型的"大忙人"。

**9 扶眼镜姿势背后的性格**

电脑、手机的普及，让"近视"一族越来越壮大。除此以外，还有一大批为了装饰而选择戴眼镜的人。眼镜的种类和用途也是五花八门，有遮挡阳光的墨镜、矫正视力的近视镜、老花镜、纯装饰的镜框……不管是在地铁、公交车上，还是在商场、大街上，戴眼镜的人都是随处可见。

虽然戴眼镜的人非常多，心理动机也各不相同，不过只要戴了眼镜，就一定会产生扶眼镜的动作。弯腰、低头、眼镜被外力碰撞、调整眼镜的舒适度……每一个戴眼镜的人都会反复做出扶眼镜的动作，不过你注意过他人扶眼镜的姿势吗？

心理学家们将眼镜称为"架在鼻梁上的性格密码"，同样是扶眼镜，不同的人所选用的姿势和动作却是有差异的，有的人扶眼镜腿，有的人扶镜框，还有的人扶鼻梁中间的衔接处，那么这些五花八门的扶眼镜动作当中，都隐藏着怎样的心理学秘密呢？

### 八字手形向上推

"八字手形"向上推，即用大拇指和食指分别朝两边张开、其余三指并拢的手形扶眼镜，大拇指和食指分别放在两个镜框的下方，向上推动即可调整到舒适状态，有些人非常喜欢用这个姿势来扶眼镜。

从心理学角度来说，喜欢这种扶眼镜姿势的人，内心的求知欲非常旺盛，而且还非常虚心，不管是在学习还是工作当中都非常勤奋。在待人方面，他们尊重旁人的意见，即便旁人的观点再离经叛道，也不会反驳对方，这点看起来似乎很招人喜爱。

### 手扶眼镜框上推

这是一种比较简单的扶眼镜动作，即单手扶住眼镜框的某一侧然后往上推至舒服的姿势，也有极个别的人会两只手一起动作，分别扶住眼镜框的左右侧，然后调整眼镜的位置和舒适度。

从心理学角度来讲，喜欢用这种姿势扶眼镜的人，内心相当自信，有着"高屋建瓴"的观察角度，比常人更善于看到机会，比较有大局和整体观念。不过，该动作发生的场合也会传达出一些特殊的心理意义，比如在辩论赛上做出此动作，则暗示自己可以说服对方，并最终赢得胜利；在与人洽谈生意时做出单手扶眼镜框的动作，那么则表示其对这笔生意的成交相当自信。

### 手扶眼镜腿上推

有些人比较习惯用手扶住眼镜腿然后再将眼镜调整至舒适。

从心理学角度来说，用这种姿势扶眼镜的人，一般都遇事冷静、理智，从不会冒冒失失行动，他们三思而后行，在了解清楚情况并制订出具体可行的计划后，才会开始行动。

总的来说，这类人都比较有想法，相信自己的决定，对自己的认同度很高，所以很少会因外界的阻挠或挫折就放弃。在工作和生活当中，他们有一套自己的行动法则与习惯，无论做什么事都非常有规划，也能够按照自己的行动法则和习惯来处理所遇到的各种情况。

### 一字指鼻梁上推

"一字指"顾名思义即一根食指伸直，其他四指自然弯曲聚拢，用食指推动眼镜鼻梁处的衔接处，并将眼镜调整至舒适位置的人。

从心理学上来说，这类人一般都比较"慢热"，尤其是在交朋友或谈恋爱时，有些迟钝，他们性格内敛，情感细腻，待人温和有礼，比较有人缘。如果你想和这类人成为朋友，那么一定要有足够的耐心，还要有足够的诚心，不可急于求成。如果只是偶尔用这个姿势扶眼镜，那么代表对方现在正面临某件重大事情，内心紧张而不安，之所以用该动作扶眼镜是为了掩饰内心的紧张与焦虑。

# 第五章 习惯非偶然：从小习惯窥探人心

## *1* 笔迹的背后是心迹

笔迹心理学家徐庆元曾经做过这样一场演示：

徐庆元仅仅看了一位女学员写在黑板上的"红军不怕远征难，万水千山只等闲"两句诗和几个阿拉伯数字，就通过笔迹上的分析，得出了如下结论：这位女士的书写速度比较快，笔触重，线条流畅，这三者和谐而统一，由此可见她是个快人快语，单纯而不复杂的人。性格上比较乐观，喜欢直言，即便是遇到坏事，也能用积极的心态去看。她有慈悲心、热心，也非常包容，不过批评人比较严厉，属于典型的"刀子嘴、豆腐心"。喜欢亲自动手的工作、技师型的工作，比如医生；但她还有艺术方面的才能，可能是通过业余发展起来的。最后，徐先生迟疑了一下，在黑板上写下"文学"两个字。

当时身处现场的人都惊呆了，因为这位女学员正是知名作家毕淑敏。了解她经历的人都知道她曾经在西藏阿里当过军医，对于徐庆元先生的笔迹心理学分析，毕淑敏本人也认为这个分析还是很准确的。

笔迹与一个人的性格特征以及心理状态有着千丝万缕的联系。常说的"字如其人""见字如面""识人不如相字"等说的正是这个道理。那么，笔迹真的能反映出一个人的性格特征以及心理状态吗？美国心理学家爱维认为：手写实际是大脑在写，从笔尖流出的实际上是人的潜意识。人的手臂复杂多样的书写动作，是人的心理品质的外部行为表现。通过对笔迹的观察，我们可以达到了解他人性格和心理特征的目的，从而更好地促进人际关系的和谐交流。

就像每个人的说话方式不同一样，我们每个人的笔迹也不相同。那么，如何从他人的笔迹当中窥见他们的心理秘密呢？

**字体大小**

字体的大小也是人真实个性的一种外在表现。有些人写字偏大，有些人写字时则字迹偏小，那么不同大小的字迹都有什么心理说法呢？

一是字体写得过大，这类人过于自信、举止随便、做事比较草率，他们喜与人交往，有着极为丰富的社交经验，待人有礼貌，是个爱思考的人，但有时会出现急躁的倾向。

二是字体写得过小，这类人很有观察力，也非常会精打细算，如果他们的字迹过于紧凑，那么说明性格上比较善于盘算，有些吝啬。总的来说，他们生性腼腆，不擅长社交，做事有理性，但缺少温暖，对于自己的事情很敏感，怕羞，与别人交往时表现得笨拙，常采取漠不关心的态度，在气质上是内向型的人。

**字迹特征**

不同人写字，其字迹也是各有各的特征。

一行字写得高低不平，这类人一般比较机智或狡猾；字迹写得比较圆滑的人，一般性格随和、办事老练，能一唱百和，善于搞公关工作；字迹写得有棱有角的人，其意志非常坚定、观点鲜明，且非常有主见，不会轻易改变自己的立场，不惧怕权威和名人，敢于与他人辩论得面红耳赤。

字体丰润、笔划搭配匀称，书写速度较快的人，从心理学角度来说，大多理解能力强、忠于职守；字体方圆、长短、大小错落的人，一般适应性和变通能力比较强，非常适和做交际及公关方面的工作；字的结构严谨、方正以及点画都能体现力度的人，一般记忆力好，办事也比较认真。

如果字的上部书写得干净利落，且能紧紧护住下面，那么说明这类书写者人很有进取心，接受能力强，好好培养能有大前途。

**笔画轻重**

笔画过轻的人往往缺乏自信，做事比较没底气；

笔划过重的人大多比较敏感，比较爱较真，遇事爱钻牛角尖；

笔画轻重均匀适中的人自制力不错，性格也稳重，对喜欢的工作能竭尽全力去完成；

笔画不均匀的人，多半脾气暴躁、喜欢破坏、妒忌心强，喜欢背后做小动作。

## 2 从信手涂鸦看真实性格

不少人在百无聊赖的时候，或者在与人说话、打电话的时候，会顺手拿一支笔在纸上或什么地方随意涂抹。心理学家认为信手涂鸦是一种无意识或弱意识行为，大脑的控制参与率不高，因此更容易暴露出人的真实本性。

那么，怎样从他人的信手涂鸦中找到我们所需要的心理信息呢？

### 画线

眼前的困难使他们无法静下心来画出自己喜欢的图案或线条；他们讨厌现在的状态，希望借着乱画打发时间，以为时间的流逝会让他们得到解脱，同时摆脱承受压力的烦躁。

### 画直线或叉

活力无限，浑身上下好像有使不完的力气似的。他们喜动不喜静，耐不住寂寞却又无事可做，形踪不定，也没有特定的喜恶，喜欢凑热闹和夸夸其谈，完完全全属于没事找事的类型。

### 画圆形

富有远见卓识，能够运筹帷幄，善于韬光养晦，属于深藏不露的世外高人类型。平日里他们虽然对生活显得漠不关心，而且大大咧咧，但事实上他们有着非常缜密而又切实可行的人生计划，所以他们的生活质量能够在稳定的状态当中不断地提高。他们做事有一定的规划和设计，喜欢按照事先的计划行事，大多有很强的创造力和很丰富的想象力。

### 画三角

头脑灵活，反应敏捷，能很快地理解新思想，接受新鲜事物。他们拒绝放到眼前的现成答案，凡事必须经过深思熟虑，具有精益求精和实事求是的态度，但有的时候会出现爱钻牛角尖的毛病。理解能力和逻辑思维能力多比较强，但缺乏耐心，容易急躁、发脾气。

### 画波浪

聪明机智，才华横溢，不迷信权威，以事实为依据，能够认识到自身的价值，敢作敢当，认准了的事决不含糊，且富于弹性，可以实现一般的理想。

### 画连续性环形

他们大多善解人意，能够设身处地为他人着想和考虑，值得信赖，因而可以与很多的人成为好朋友；秉性善良，没有野心，不贪婪，容易满足，性情平和，是典型的随遇而安的人。他们生性乐观，对生活充满了信心，且适应力强。

### 画对称图形

做事多比较小心谨慎，而且遵循一定的计划和规则。

### 画锯齿形

头脑灵活，反应快捷，分析能力出众，能够深入事物的本质当中看待问题；性情刚直，富有批判和冒险精神。总是不满足于现状，不停地向新的、更高的目标努力；争强好胜，不允许他人抢在自己的前头，哪怕对方明显比自己强大，也要挑战一番。

### 画自然景致

温和善良，敏感热忱，对物体的形状以及色彩有着较强的鉴赏与辨别能力。他们喜欢从事精神领域的创造，通常可以在文学、书法、绘画等方面获得成就。他们不注重物质生活，讨厌名缰利锁，向往轻松自在的生活，安静与祥和是他们最大的享受。

### 画交通工具

通常是爱好旅游的人，希望游遍大千世界。其实他们画交通工具是为了发泄愿望无法实现的苦闷。他们通常有很多远大的理想，但面临的失望与挫折也很多，结果总是处于消极状态当中，对自己失去信心，而将希望转移到他人身上，特别是自己子女身上。

### 随便乱画

喜欢追求自己理想中的事物，但不会为失败而沮丧和一蹶不振，所以总是看上去一副乐观向上的神态；他们适应能力强，随遇而安，有很强的调控心态的能力，能使自己迅速融入新的生活之中。

## *3* 购物习惯暴露真性情

柴米油盐肯定是需要先购买的；周末休息，不出门逛逛超市、商场，不买点什么仿佛就不是生活；过年、过节等或多或少也要买一些送亲戚、送朋友的礼品等；出门旅游，往往要买特产和纪念品……

毫不夸张地说，购物是每个人生活中的重要组成部分，不过人和人之间的购物习惯有很大差异：有人喜欢货比三家，有人喜欢去熟悉的商店，有人喜欢在网上下单，有些人买东西只为高兴……

为什么人们的购物习惯会不同呢？心理学家认为这源自于人们性格上的差异。购物在心理学上被称为"社会行为"，如果仔细观察我们就很容易发现，在购物这件事上，人与人之间的购物喜好并不相同。有人爱买打折货，有人爱买名牌，还有人买东西看质量……购物这种行为虽然经常发生，却时常被人们忽略。殊不知购物行为也暴露着一个人的性格特征。

### 按清单购物

习惯按购物清单购物的人，大多属于组织性、原则性很强的一类人，凡事喜欢按照一定的规律和计划完成，否则的话他们可能会感到手足无措。

这一类人往往比较健忘，所以需要有人不断地提醒他们，在什么时间应该去做什么事情。他们的随机应变能力并不强，偶发的事件很多时候都会让他们无法接受。在他们看来，那些做事随机性强、无计划的人简直就是不可理喻。

### 爱买打折货

习惯在商品打折时选购物品，而平时尽量不出动的人，大多比较现实，懂得精打细算，甚至有点唯利是图。他们有些固执，遇事虽然会与他人协商，但最后却大多会顽强地坚持自己的观点。他们会很满足于看到自己占优势，而他人在无可奈何的情况下不得不放弃时的感受，所以这种人的人际关系并不是很好。

### 逛很久再买

愿意花一整天时间用来购物的人多比较开朗和乐观,充满活力,常常会没有理由地就会感觉心情不错。他们较有耐性，总是能够找到很多理由和借口安慰自己，使自己坚持到最后。他们有勃勃的野心，常常会为自己设定许多远大的理想和目标，这从某种程度上来说并不现实，所以到最后多半无法梦想成真。但在这个过程中，他们做的一些事情还是有收获的。总的来说，这是一类富有行动力而又有些浮躁的人。

### 请他人代买

习惯于请别人代自己购物的人，多是时间安排得非常紧，工作和学习非常繁忙的人。在他们看来，购物算不上一件大事，不值得自己抽出宝贵的时间亲历亲为。他们把购物当作纯粹是浪费时间的事情，把奔忙当作是一种体现自我价值的方式。他们在为人处世等各个方面多是比较传统的，会尽量使大家对自己满意，但这样只会使自己疲于奔命，无暇顾及自己内心的需求。

**按需要来买**

需要的时候就买，不需要的就不购买，这类人似乎在任何一方面行动都要比别人慢一拍，但他们并不为此而恼火，甚至有些自得其乐。他们的表现欲望很强，希望自己能够引起他人的注意，所以时常会故意耍一些小伎俩。

**全家一起买**

喜欢全家人一同外出购物的人大多比较传统和保守，家庭在他心目中的地位是无可替代的，直接影响着他们为人处世的习惯。他们对家庭有着强烈的责任感和深深的依恋，他们的家庭也是非常和睦的。在他人看来，他们整天围着家庭转，生活似乎太乏味了，但他们自己却很满足于这种生活。他们中的大多数人感觉较有安全感，他们的生活态度是非常实在的，选购的物品经常是既经济又实惠，与他们相处，你会感觉踏实。

## *4* 通过看电视习惯识人心

看电视是一种非常大众、主流的休闲方式，从老人到小孩，从男人到女人，人人都能在看电视中找到自己的乐趣。你喜欢看电视节目吗？你都喜欢哪一类的电视节目呢？仔细观察身边的人，我们可以很容易发现，每个人看电视的习惯不一样，有些人爱看综艺节目，有些人爱看军事节目，还有些人喜欢看各种各样的电视剧……

其实，看电视习惯正在暴露你的个人性格哦！人们通过电视来获取自己想要的信息，对电视节目的筛选就体现了其内心的喜恶，因此，我们可以通过他人看电视的习惯来判断出他们的个人性格和心理特征。

### 爱看新闻

爱看新闻的人善于思考，他们会把新闻里的信息经过加工、辨析后变成自己的。平时他们总有自己的主张，而且善于言辞，说话井井有条。这类人擅长人际交往，生活中，他们潜意识里会有很多从新闻里学到的东西，加上他们爱思考总结内容，言之有物，因此在交际时如鱼得水。他们关注社会、思考人生，生活态度积极向上，对社会不好的一面会给予抨击。工作中，他们是天生的领导，十分擅长让他人服从自己的领导。

**爱看综艺节目**

这类人乐观开朗、心地善良且不记仇很，在面对问题的时候能够看到事物的光明面，很能体谅别人。爱看综艺娱乐节目的人，其性格呈现两极分化，他们既可能本身比较幽默风趣，平时在朋友之间总能活跃气氛，也可能是少言寡语，性格沉稳的人，不过这类人醉酒后往往像变了一个人似的，侃侃而谈、天南海北，天文地理都略知一二。

**爱看体育节目**

体育赛事是很多男性朋友最爱看的电视节目之一。一般来说，喜欢看体育类节目的人竞争意识强，喜欢接受挑战，压力越大，表现越佳；做事习惯于谋定而后动，计划周详，乐意全力追求既定目标。

**爱看访谈节目**

访谈是比较有深度的节目，喜欢看这类节目的人，大多思维缜密，思想比较有深度，喜欢思考，也爱与人争论，略微有些偏执，为人很有主见，在做出任何决定时，必先认真考虑，绝不莽撞行事。

**爱看恐怖节目**

恐怖电视剧、恐怖电影、恐怖类画面等，是不少人看电视的最爱，一般这类电视节目会给人以强烈的刺激感。从心理学角度来说，喜欢这类节目的人好奇心重，竞争意识强，凡事能够贯彻始终，全力以赴，喜欢追求刺激，不甘于平凡。

### 爱看竞猜节目

竞猜类的节目都有一些知识性含量，不管是猜谜语、猜歌名、猜人名，还是猜商品价格等，都需要让大脑充分活动起来。喜欢看这类节目的人，一般比较有智慧，且有一定的知识水平或者非常好学，推理能力强，思维敏捷，对任何问题都能冷静分析，寻根究底，无法忍受对方的无知和愚蠢。

### 爱看电影节目

电影是在一定时间内把很大的信息量释放给观众的节目，所以喜欢电影的人逻辑思维能力很强，否则看不懂。他们办事情风风火火，有些急躁，希望在短时间内就完成，所以有时候会影响完成质量。电影里时尚因素比较多，如明星、靓车、服饰，所以喜欢电影的人在生活中追求时尚，有生活品位。有的人透过电影去看社会，他们是社会的观察家和记录者。这类人不会重视物质生活，一般文化修养很高。

### 爱看电视剧

爱看电视剧的人性格一般不急不躁，很能稳得住，属于我们民俗上常说的"慢性子"。他们有足够的耐心完成一件事，但经常会因为时间把握不够准确而影响事情的完成。他们擅长倾听，愿意当一个安静的倾听者，且不会多嘴多舌，是很好的密友选择。此外，他们的思维也相当缜密，能很好地抓住事情的重点。

## *5* 不可不提的点餐习惯

民以食为天，中华民族历来是一个非常重视饮食的民族，而且有着历史非常悠久的饮食文明，并且形成了独特的"饮食社交"文化。

不管是同学聚会、家人团聚、公司会务，还是有朋自远方来，基本上很多社交场合是在"饭桌"上进行的。在饭店点餐也就成了一件非常普遍的事情了，那么，你留意过他人都是怎样点餐的吗？其实一个人点餐时的行为也能看出其真实性格。

### 点招牌菜

询问招牌菜有什么，并点招牌菜，这是不少人的点菜习惯。从心理学角度来说，喜欢点招牌菜的人，主意定了就绝不轻易改动，比较固执，一旦决定了的事情，不管对与错，都会积极争取，不达目的决不罢休。他们活动性及企图心强烈，喜欢与人交往，享受处处被人围绕的感觉，朋友不多。比较富有领导欲，社交活动力很强，与任何人都能在短时间内相处得很熟络。

### 点实惠菜

还有一些人会专门选择一些价格不高、菜色不错、实惠又好吃的菜。喜欢点实惠菜的人，属于一丝不苟、性格深沉稳重的一类人，不过他们过于严谨的个性，往往让他们的人际交往受到一定的局限。

### 点高价菜

每家餐厅都有一些价格偏高的菜，有些人点菜习惯冲着价格高的点。从心理学角度来说，这类人语不惊人死不休，做事冲动，喜欢新奇事物，常会为了自己一时的好心情而损害他人的利益，因此也比较容易被朋友误解。

### 直说自己想吃的

点菜不扭捏，大大方方直接说出自己想吃的菜品，这也是相当一部分人的做法。一般来说，这类人性格直爽、胸襟开阔，他们心直口快，即使是难以启齿的话也能若无其事地说出来。他们非常坦诚，待人不拘小节，不过由于说话太直，有时候可能会得罪人。需要注意的是，这类人说话做事无所顾忌，所以常常触犯他人的心理禁忌而不自知，且有时会无意中泄露出自己或他人的秘密，但实际上他们没有坏心眼。

### 点和别人一样的

有些人在点菜前，会观察一下周围的人都点了什么菜，然后和邻桌点相同的菜。这类人做事慎重，对自己没有自信，常不分对错就立刻顺从别人的意见，易受人影响，比较没有主见，往往忽视了自我的存在。从性格上来说，这类人比较保守，没有冒险精神，不要期望他们能参与那些富有创造性的活动。

### 不管别人，只点自己想吃的

他们基本不会询问其他人的点餐意见，是否有什么忌口、喜欢吃什么等，而是直接点自己喜欢吃的菜。这类人乐观开朗、不拘小节、做事果断，注重自我感受。但凡事有度，太注重自我感受就难免给人以专横独断之感。在这类人中，看完价格后迅速做出决定的人是合理型的人，这部分人往往值得倾心相待；选择自己想吃的人是享受型的，则大多不可深交；比较价格与内容才决定的人，为人吝啬，亦不可深交。

### 先点好再调整

这类人往往不会一下子把菜点好，而是会断断续续地加菜。从心理学角度来说，这类人在工作和交友上爱犹豫，性格软弱，太在意细节，做事不够干脆，缺乏整体和全局意识。他们不太自信，遇事往往过分在意对方的感受和立场，比较容易放弃自己的正确观点。

### 先听介绍再点菜

还有一些人，不会直接贸然点菜，而是会就菜品询问服务员，比如口味、分量、食材等，了解了菜品之后，才会再斟酌判断点菜。从心理学角度来说，这类人自尊心很强，讨厌听从别人的指挥，在做任何事之前，总是坚持自己的主张。做任何事都追求不同凡响，且行事积极。在待人方面，他们重视双方的面子。

# **6** 手机摆放习惯折射真实心态

日常生活中，你都是怎样摆放自己的手机呢？你观察过他人是怎样摆放手机的吗？你知道摆放手机的习惯背后有着不为人知的心理学秘密吗？

手机是现代人生活必备的通信工具，几乎每一个成年人都有一部手机，从引领时尚潮流的"苹果"到国产"华为""中兴""小米""OPPO"，再到"三星"等国际手机品牌……人们使用的手机品牌和型号等差异很大，不过不管用什么手机，都要随身携带使用，而一些个性化的手机携带小习惯，就能反映出一个人的生活习惯，进而折射出其真实性格。

只要仔细观察，你会发现周围人携带手机的方式是有差别的：有些人喜欢把手机放在衣兜中，有些人爱把手机装在随身的包里，还有一些人手机一直不离手……那么这些习惯背后究竟掩藏着怎样的性格秘密呢？

### 喜欢放入衣兜

如今不少服装都设计有贴身口袋，裤子、上衣等都有口袋，而且不少款式还专门设计了暗袋。将手机放在衣兜里，可以让人们时刻感受到它的存在，又方便又安全。

喜欢把手机放在衣兜里的人，控制欲和占有欲强，重视他人对自己的看法，不管在工作中还是生活里都很有表现欲。他们求知欲望强，兴趣广泛，懂得尊重别人，但几乎从不轻易接受别人的意见。强烈的欲望催动，再加上其脚踏实地的苦干精神，所以他们在事业上很容易获得成功。不过他们不是工作狂，家庭观念较重，家庭关系一般和谐而美满。

### 喜欢放在包里

如今，上班的白领们，不管是男性还是女性，每天上班都会随身带包，将手机放到手提包或公文包里是白领们公认的最安全的存放方式。

喜欢把手机放在包里的人，个性大多保守安逸，喜欢享受正常舒适的人生。他们行事一般都会深思熟虑、小心翼翼。在感情方面，他们持保守稳健态度，一般是我们通常所说的"慢热型"，追求异性也多采取渐进式发展的方式。与事业上的飞黄腾达相比，他们更看重家庭生活的美满。这类人有主导家庭能力，对于子女的教育问题非常重视，比较有家庭生活品位，懂得尊重家人，能创造和谐幸福的家庭关系。

### 喜欢挂在胸前

还有一些人喜欢专门准备一根绳子，将手机固定在绳子上，然后挂在胸前，这种办法可以让拿取手机变得非常方便。

一般来说，喜欢把手机挂在胸前的人求知与学习欲望强烈，多喜欢交志同道合的朋友，渴望有适当的机会展现自己的才干。他们需要适当的工作伙伴和良好的工作情绪，才能努力工作。感情上，比较喜欢有独立主见的异性，在择偶中生活情趣并不重要，关键是志同道合，他们有着远大的人生理想和目标，并且十分迫切地渴望与自己的伴侣分享，所以自然会选择与有共同兴趣爱好的人相伴一生。在金钱物质方面，这类人的欲望比较强，希望可以成为一个努力奋斗的人，事实上他们也确实是职场中的典型"劳模"。

### 喜欢拿在手上

手，是全身上下活动最多的地方之一，将手机拿在手里也是一种非常普遍的做法。

从心理学角度来说，习惯把手机一直拿在手上的人，一般都精力充沛，很有可能是工作狂，不到非休息不可的时刻，他们是绝不会上床休息的。这类人善于思考，有永远说不完的话题和理想，喜欢轻松过生活，通常有些小才华。喜欢有挑战性的生活，能够享受独立生活的乐趣，追求目标能力很强，有较多的人生欲望。此外，很懂生活情趣，也有生活品位，喜欢精明能干又能创造幸福人生的伴侣，在情感上是一个不会轻言放弃和服输的人。

# 7 教你看懂办公室里的摆放习惯

在职场中，我们需要打交道的人很多：领导、客户、同事、老板……相信每个人都想成为职场上的"社交达人"，可以在各种人际关系中进退自如，如鱼得水。那么，怎样才能做到这一点呢？

你观察过同事的办公桌吗？你注意过领导办公桌上的布置吗？你留心过客户的办公桌上都有些什么吗？要想处理好职场中的各种人际关系，首先就必须学会识人，读懂他们的内心，才好找到最恰当的相处方式。

办公桌上的物品摆放似乎毫无隐私与秘密可言，我们一抬眼就能看到，殊不知就是这些细节可以反映出一个人的"职场性格"。千万不要忽视办公桌上的一些小细节，恰恰是这些细节可以在不经意间流露出这个人的品质与习惯。

《孙子兵法》常讲"知己知彼方能百战不殆"。职场如战场，在这个竞争异常激烈的领域，擅长职场中的各种社交活动和人际关系处理十分重要，每一个职场人都十分有必要学一学通过办公桌摆放识人的心理学知识。只有对他人的性格多一份了解，才好确定采用什么样的"社交攻略"。

## 办公桌摆小盆景

有些人会在自己的办公桌上专门养一些绿植，如仙人掌、金钱草、绿萝等。

从心理学角度来说，喜欢在桌子上摆盆景的人，内心柔软而多情，这类人大多崇尚自然，有情调，有爱心，不管是在生活和工作中都属于非常善于营造情调和氛围的人，在组织方面有一定的天赋和才能。在上司和领导的眼中，他们为人冷静，责任心强，做事认真而谨慎，容易被委以大任，是职场当中的"中流砥柱"。

### 办公桌摆纪念品

相框、照片、工艺品、纪念品、小玩意……这些东西也是常常能在办公桌上看到的一类物品，通常这类物品不是单独出现的，而是在办公桌上摆放得琳琅满目，种类也十分繁多。

从心理学角度来说，这类人不善于与外人打交道，经常独来独往，不愿意同外人有过多的接触，但与故人联系得较为密切；内心情感丰富，但也比较脆弱，很容易受到伤害；非常念旧，是一个很爱怀旧的人，经常靠着美好的回忆调剂生活和排遣孤独，常在夜深人静的时候独享愉悦。

### 办公桌空空如也

有些人的工作虽然很繁忙，需要处理的文件资料等也不少，但奇怪的是他们的办公桌随时都是空空荡荡的，你甚至不知道那些文件和资料都被他收拾去了哪里。

从心理学角度来讲，这类人通常是急性子，他们为了工作方便，免除工作中从办公桌找资料的麻烦，常常把所需要的放在伸手可及的地方。这类人通常很有事业心，一般都可以成为老板，为了工作其他的全然不顾，即便因为工作需要把桌面弄得乱七八糟，也会吩咐秘书帮他们收拾整齐。

## 办公桌杂乱不堪

有一些人的办公桌非常杂乱，杂七杂八的文件、笔、文件夹、水杯、计算器、发票、零食都混乱地堆在一起，堪称"垃圾场"。如果需要寻找某份文件，他们往往会像无头苍蝇一样乱翻一通。

从心理学角度来说，这类人性格温和善良，痛快直爽，办事干净利落，但往往做事没有计划，仓促应战，一旦遇到突发情况就会陷入慌乱无序的状态之中，所以处理突发情况的结果往往不尽如人意；在工作上他们喜欢追求简单，不愿被规划、计划等压得透不过气来，没有长远的眼光，但适应能力一般比普通人要强。

## 办公桌乱而有序

还有一些人，虽然办公桌看起来很杂乱，有各种各样的杂物，不过实际上并没有那么乱，凡是重要文件他们都归置得很整齐。

从心理学角度来说，这类人完全没有完美主义者的"极致"观念，对自己要求不高，喜欢比较自由且稍微有些散漫的工作氛围，但办事效率一点也不差。领导遇到这类员工，最好不要"步步紧逼"，否则很可能会伤及双方的感情，对于偶尔的小瑕疵和微不足道的缺点要多包容，只要他们能及时处理好工作中的事情就可以了。这样的管理方法反倒有利于其工作潜力的挖掘与发挥。

## *8* 个人卫生习惯隐藏玄机

个人卫生似乎是一件非常隐私的事情，不过诸如刷牙、洗脸、沐浴、擦嘴这样的卫生小习惯背后，往往隐藏着一个人的内在修养和心理。

那么，你想知道个人卫生习惯背后隐藏的心理玄机吗？以下是一些常见个人卫生习惯的专业心理解析。

### 从刷牙习惯看性格

为了保持口腔和牙齿健康，每个人一天要刷两次牙，虽然大家都刷牙，但不同的刷牙方式背后能折射出一个人的真实性格。

从刷牙姿势上看，正确的刷牙姿势是上下刷，还有些人是左右刷。从心理学角度来说，用正确姿势刷牙的人，办事注重正确的效果，追求把工作做好，并且要做出高境界的效果。这种人懂得自爱，有进取心，从小就知道怎样安排自己的生活。他们尊重生活中的游戏规则，讨厌别人用不公平的手段来与自己竞争；左右刷牙的人，做事情更注重过程，而不注重效果。这种人有点拒绝接受正确事物的性格。有些时候他们明明知道自己犯了错，但他们会继续让自己错下去，并据此做出一些掩饰性的行为。

从刷牙的次数和时间上看，有些人只在早晨刷牙，有些人只在晚上睡前刷牙，而有些人餐后就会刷牙，一天要刷三次甚至更多。

一般来说，只在早上刷牙的人，比较在意他人对自己的看法。因为，他们刷牙不是为了健康，而是在意别人会不会评论他嘴中的异味。这类人惯于以别人对他们的期望作为奋斗的目标。他们的自信心往往建立在人家对自己的评价上。只在睡前刷牙的人，脚踏实地、实事求是，他们不会浪费自己的精力去做一些无聊的事情。工作上酬劳多少就投入多少精力，在与人沟通时，会清晰表达自己的立场，但不会作过多的解释，不太在意别人对自己的看法。每天刷牙三次或以上的人，有点神经质，许多事情他们都要重复或者做完之后反复检查才能安心。他们非常在意个人卫生，但极有可能是因为和他比较亲密的异性伴侣曾指责过他不讲卫生。

### 从沐浴习惯看性格

洗澡是日常生活中一件非常重要的事，当一个人脱下衣服、卸下扮演的角色时，便还原成真正的自己。事实上，不同的沐浴习惯也能反映出不同的性情及对生活的不同看法。

喜欢热水淋浴：这类人属于"感受"型的人，待人接物非常讲究直觉，假如他们第一眼接触某人就对他有好感，这种人会与他人一见如故，迅速发展友谊；不然的话，这种人会对他人采取避之则吉的态度。

喜欢冷水淋浴：这类人身体比较强健，喜欢保持冷静，他们认为面对事情时，最重要的是保持头脑清醒。在众人面前，经常以自己有理性、逻辑性强为傲，很少公开批评别人，因为他们觉得这样做容易树敌，是不理智的。

喜欢按摩式淋浴：这种人相当追求物质欲的享受，绝少自寻烦恼，更不会涉入感情的纠纷。注意，此心理分析只适用于那些非常热烈地追求这种沐浴方式的人。

喜欢去浴堂洗澡：如果经常去公共澡堂洗澡，那么对方一定是追求自然主义的人，他们不受一般社会常规或旧式道德规范的约束，不甘寂寞，对朋友乐善好施。

### 从擦嘴工具看性格

吃完饭后，嘴巴变得油腻腻的，你会选择什么来擦嘴呢？

用纸巾擦嘴：这种人留意生活的细节，喜欢事事按照计划进行，属于乐于照顾别人的好心人。

用餐巾擦嘴：这种人非常小心，非常注重自己在众人面前的印象，言谈行为温文尔雅，这种人绝对不让别人觉得自己粗鲁，在人际方面，抱着点到即止的态度，很少流露热情奔放的一面。

用手绢擦嘴：这种人比较慢热，他们做人、做事都比较讲究原则，但这些原则可能并不为众人所理解，所以有人会认为他们愤世嫉俗，孤芳自赏。

## *9* 金钱处理习惯呈现价值观

我们每天都要和钱打交道，如果仔细观察的话，会发现人们对金钱的态度和处理方式也是各不相同的。

有这样一则杜撰的小笑话：一个英国人在地上看到钞票时，会蹲下来拾起钞票，看了以后，发现这张大钞不是自己丢失的，于是把钞票放回地上，然后装作什么也没有发生一样走了。接着，一位美国人发现了这张钞票，非常自然地捡起来放进自己的口袋，好像熟知"微罪不举"的法律意义，就好像是捡起了自己掉在地上的钱一样，既不做作，也没有一丝不好意思或紧张，就好像根本没事一样。

尽管这个故事并不是真实的，而且颇有一些冷幽默，但却很好地表明了一点：不同的人在金钱面前的行为和想法是有非常巨大差异的。从心理学角度来说，美国人捡钱的举止，代表着心胸坦荡，敢作敢为，而英国人捡钱的举止则代表人皆好奇，不贪非分之财的价值观。

像这种捡拾钞票的心理状态，虽然可以列为行为语言来加以统计研究，但由于问卷调查之困难，所以心理学家改变研究方法，认为可以从一个人处理自己所有的金钱的方式来观察判断此人的性格。

### 喜欢炫耀

这种人非常喜欢炫耀身上的金钱，只要口袋中还有百元大钞，即使是买一二十元钱的东西，也要拿出百元大钞来找零。只要口袋还有五十元大钞，一样不会等到身上没有小钞才用，他们这样做为的只是炫耀有钱而已。这种人大多出身富家，赚钱容易，处处表现出优越感，毫不吝惜地将钱花在奢侈品及衣饰上，懂得花钱及享受，并以此为快乐满足。如果衣饰普通而如此炫耀钱财的人，则表示其人心理自卑而自尊心强。

### 喜欢现金

这种人喜欢携带一大摞现金，他们热情友好，性喜合群，为人慷慨而喜欢自我表现及夸耀个人的成就。因此他们好交际，结交朋友甚多，每回和朋友一起吃饭时总是抢着付钱，显得特别重视友谊，因而能得到广大朋友的帮助，所以大多有极佳的财运，但是由于情感丰富而易遭人利用。

### 喜欢零钱

这种人非常喜欢存零钱，他们大多温文有礼，感情丰富，而且念旧，大多持"受人点滴，当涌泉相报"的观念。一旦对于某人发生好感而付出感情以后，很难收回和改变感情。这是这种人的优点，也是他们最大的致命弱点。

### 钱币整洁

这种人的钱包永远都是整整齐齐的，他们将大钞放在皮包或钱包里，然后再依序逐步放小钞以至零钱，每当要用钱时，掏起钱来相当方便。由小观大，这种人一丝不苟，有处理事务及计划的头脑；办事效率甚高，喜欢计划时间及金钱；在言行上有分寸，即使与女性相处，也常常精打细算。喜欢把钱分放在几个口袋的男性，其性格近于这种人，但他们有小气保守的毛病，好在他们比较懂得变通，为人做事还不至于一板一眼，认真到底。

### 钱币乱丢

在这种人的家里，到处都会有一大堆的零钱，甚至钞票也随手乱放。这种人相当聪明，且具有丰富的想象力，但缺乏心机，甚至有些粗心大意，然而他们会全神贯注地思考问题或想心事，心直口快经常会在无意中得罪人。

### 爱拿钞票

这种人喜欢把钞票捏在手里，他们生性勤俭，将钱看得很重，凡事都会事先精打细算，在考虑周详以后才决定去做。这种人刻苦耐劳，不太注重物质生活享受，但是极具责任心，能为家庭、事业付出，一般较节俭小气，对于应该用的钱，又会不惜借贷。

### 爱折钞票

这类人喜欢将钱折成小方块或其他形状，他们聪明且富有幽默感，喜欢从事一些需要动脑筋的行业。喜欢追求新知识，并且以此为人生之奋斗目标及生活享受，但他们生性比较保守。

## *10* 开车习惯与性格

如今，私家车已经成为普通大众出门的主流代步工具。相信每个人身边都有不少有车一族，他们或开车上下班，或开车自驾游，或开车接送孩子读书，或开车回老家，或开车走亲访友……

每个人开车的风格与技术千差万别，有些人开车速度非常快，常常开到要飞起来，而有些人开车很慢，甚至有些磨磨蹭蹭，常常会被后边的车辆摁喇叭催促，有些人刹车很有预见性，而有些人开了几年车依然是急刹……你注意观察过他人的开车习惯吗？

开车技术的好坏可以通过练习得以提高，不过开车的习惯却不会改变，心理学家们认为开车时的一些小习惯会透露出一个人的真实性格。每个人基本都有自己的开车风格，有些人追求速度，喜欢在车流当中不顾一切地往前窜，有些人求稳，即便是在空旷的马路上也不会大加速……开车习惯与人的性格是紧密联系在一起的，换句话说，对方是一个怎样的人，就会选择怎样的开车方式。那么，汽车驾驶过程中都有哪些小习惯会在不经意之间出卖性格中的"小秘密"呢？

### 速度很慢

开车速度比较慢的司机，在现实生活中是非常常见的，即便是空无一车的马路，他们依然开得慢慢悠悠。

从心理学角度来说，开车速度越慢、越拘谨表明其性格越内向，自信心严重不足的人在开车时总会产生诸多顾虑，比如害怕速度快出车祸，担心触犯交通规则，忧虑路上会不会突然窜出一个行人……

总的来说，这类人做事比较谨慎，他们三思而后行，不管做什么事都会"思量"周全，不管是好的结果还是坏的结果，只要是可能出现的情况都要仔细权衡一遍，正是因为这种谨慎，因此可以避免很多不必要的麻烦。再加上他们做事一般都非常仔细认真，忠诚度比较高，看起来也十分踏实可靠，所以在职场上还是相当受欢迎的。

**开车速度很快**

有些人开车速度非常快，即便是在拥挤的车流当中，他们依然能把车开得飞快，像过山车一样左钻右插，让车上的人跟着肾上腺素飙升。

从心理学角度来说，一个人的开车速度可以真实反应出其内心的自信程度。开车速度比较快的人，他们内心都比较强大，有很强的自信心，相信自己可以在"高速"的情况安全驾驶。他们不仅在开车速度上放得开，对待其他事情也是一样。

总的来说，这类人的性格自信、果断又干脆，独立性很强，有自己的观念和想法，且愿意朝着自己的目标努力，因此在事业上或多或少都会取得一些成就。

**几乎不摁喇叭**

有些人开车几乎用不到喇叭，即便是前边的车辆挡道，他们也能非常耐心地等待，最多抱怨几句，不会因此而大动肝火。

从心理学角度来说，几乎不摁喇叭和很少摁喇叭的人，脾气都非常好，常常是一副和和乐乐的样子，很少与人产生冲突或矛盾，待人友善很有亲和力。

总的来说，这类人心比较宽，忍耐性强，遇事想得开，不过有时候过于好脾气很可能会让某些人得寸进尺。

**经常乱摁摁喇叭**

相信每个人都曾遇到过狂摁喇叭的人，其实这已经不仅仅是用喇叭提醒他人，而是一种自身情绪的发泄，连续摁喇叭、摁喇叭次数过多都属于情绪上的流露和宣泄。

从心理学角度来说，这类人一般脾气比较火暴，属于一点火就着的类型，他们控制欲超强，本心里希望凡事都能围着自己转，但在现实情况中是不可能的，因此只要事情超出了他们的控制范围，情绪就会变得无比烦躁，并努力寻求情绪的发泄渠道，所以开车时乱摁喇叭的行为也就自然而然地产生了。

## *11*　喝酒习惯背后的心理

酒桌饭局是每个中国人都避不开的社交场合：同学聚会，说到尽兴之处，常常会三杯两盏小酌；逢年过节，亲戚长辈在上，作为晚辈自然要敬酒表达情谊；公司聚餐，领导带头，员工们即便不愿意喝，也要逢场附和……

如果你注意观察，那么会发现一个很有意思的问题，每个人在酒桌上的表现以及喝酒的习惯是不同的，有人来者不拒，酒满就干；有人滴酒不沾，吃菜喝汤。细细品味者有之，自己不喝劝别人喝者有之……小小酒桌就是人生舞台的缩影，"酒品即人品"其实并非没有道理。

心理学家们也认为，看一个人在酒场上的表现，以及这个人的酒品，我们能发现对方深藏不露的性格秘密。如果你想通过喝酒习惯识人，那么不妨补充一些心理学知识。

**喝酒偏好**

在面对喝酒这件事上，人的偏好也各不相同。有些人习惯用杯喝酒，这类人性格斯文，做事有礼有节；有些人喝酒必须有菜肴，还要有酒伴，这类人比较喜欢热闹，属于人来疯，独自一个人时反倒比较安静；还有一些人喝酒不用容器，直接用嘴对着酒瓶喝，一般来说，这种人嗜酒如命，缺乏自制力，比较容易冲动。

喜欢睡前喝酒的人，大多孤僻，拙于交际，精神负荷重。喜欢早晨喝酒的人，大多不尚实际，喜欢找借口逃避责任。

喜喝饭前酒的人，非常理智，有较强的自控力和自我约束力，属于很懂喝酒的一类人。喝酒时没女性陪伴就喝不痛快的人，大多平常缺乏倾诉的对象，内心比较孤独寂寞，实际上他们内心里常担心被人轻视。

饮酒后依然面不改色的人，大多沉默寡言，意志坚定而有耐心，他们属于喜怒不形于色的人；而稍一喝酒就脸红的人，则不善做作，生性温和，说话做事都比较直率。

**场合偏好**

喜欢在快餐厅喝酒的人，大多为了热闹或联谊的原因，希望能够轻松地喝酒而享受欢乐的气氛。

喜欢在路边摊喝酒的人，坦诚朴实，不会装模作样，大多只是想要以酒来消解工作一天的疲劳。

喜欢到高级酒吧、俱乐部或酒家喝酒的人，大多因为交际应酬的关系，才选择在这些地方喝酒。他们大多爱慕虚荣，内心孤独，喜欢表现或被重视。与其说是去喝酒，不如说是寻找精神上的刺激享受。

喜欢到啤酒屋喝酒的人，这种人个性拘谨，但是希望放轻松。

### 酒后状态

越醉越唠叨,甚至想找人打架的人,这种人情绪不稳定,或命运多舛。醉后喜欢信口开河的人,这种人有些怯懦及消极,大多欲求不满,怀才不遇,所以借酒发牢骚,属于酒不醉人人自醉的典型。

酒醉倒头就睡的人,这种人理智而能约束检点自我言行。有些人越喝酒越快乐,甚至愿意在醉酒后大声唱歌,这种人天生乐观,生活规律,且无不良嗜好,理智清醒,属于"酒醉心不醉"的人。

喜欢自斟自饮的人,这种人性格孤僻,落寞寡欢,拙于辞令及社交,为人拘谨,甚至有些怯懦消极。

醉后哭泣的人,这种人个性消极,心理自卑,并且时常遭受轻视,背后时常发怨言牢骚;醉后爱笑的人,这种人性格乐观,为人随和,不拘小节,富有幽默感。

越喝酒而眼睛愈发直的人,这种人性情温和,内向消极,欲求不满,而且酒品不佳,易发酒疯。发酒疯的初症为骂人,接着摔杯盘器物,打人打架闹事……

# 第六章 兴趣照片墙：喜好背后往往是真相

# *1*  音乐偏好与性格的关系

音乐是沟通心灵的一种方式，毫不夸张地说，音乐贯穿整个人类的历史。从原始社会的劳动号子、古朴的祭祀吟唱，到如今各种风格的音乐。对每一个人来说，音乐是无处不在的。

心情好或者不好的时候，会听音乐；妈妈哄哭闹的孩子时，会轻轻哼唱摇篮曲；在庄严神圣的宗教仪式上，会播放洗涤心灵的音乐；走在商场或大街上，很容易听到商家们播放的各种各样的音乐；即便是宅在家中，闹钟、电话的手机铃声也常伴我们左右……音乐已经渗透到了我们的日常生活当中，成为我们生活中的一部分。

有学者曾经做过这样一项研究，在被试者们相互交往六个星期中，实验者统计了他们的谈话主题，其中最受欢迎的主题是音乐。谈论音乐的人数相当多，在第一周内谈论音乐的双方就占到了 58%。为什么大家都喜欢使用音乐来作为交流的引子呢？

其实，音乐不仅能够让人有一个好心情，而且作为衡量性格的一种外在指标，不同人对不同风格音乐的偏好还能让我们更了解他人。

心理学家将人格特质分为基于经历的责任型、神经质型、开放型、外向型等，而这些人格特质，我们完全可以通过一个人的音乐偏好来得知。

**责任型**

CC 是家中长女，喜欢写实型的艺术品，比较喜欢传统艺术，虽然听的音乐五花八门，但不管听多么煽情或令人感动的音乐，她都始终保持着一份冷静的态度，或者说是保持着审美的距离。

像 CC 一样具有同样音乐或艺术审美的人，大多从小习惯"挑大梁"，做事情都有非常明确的目标。对他们来说，音乐和艺术品存在的价值，就是装点作用，让环境变得更富有"美感"。

从性格上来说，CC 这类人是典型的责任型人士，非常冷静理智，他们可靠、专注、以问题为目标、喜欢规则和秩序。这一类型人的音乐品位，不会被情绪所控制。

**神经质型——用品位自我救赎**

小 K 是一个受过伤的人在他 8 岁的时候，母亲就离他而去，进入了天堂，自从妈妈走后，原本活泼爱闹腾的小 K 就开始喜欢听忧伤、缓慢的抒情歌曲。正如他自己所说："一直到现在，我都喜欢听情绪变化丰富的歌。听一首歌，哪怕从没听说过这个演唱者，我依然能从他的声音和唱调中知道他经历过什么……"

在现实生活当中，像小 K 一样喜欢听缓慢抒情忧伤类音乐的人并不少，他们内心充满焦虑和不安，非常情绪化，而且比较敏感，遇到挫折和困难的时候非常容易沮丧，他们也被称为神经质型的人格，常常用极富精神意味的品味，装饰自己的生活。

## 开放型

JJ 不仅非常喜欢听音乐，而且有些迷恋音乐，从很小的时候他就开始收集自己喜欢的歌曲和唱片，而且还一边听一边学，不仅会唱还能自己弹吉他伴唱，甚至还和几个同样爱好音乐的同学组成了一个小乐队。

像 JJ 这样喜欢音乐的人也不少，他们性格上高度开放，非常富有创造性和好奇心，脑海中永远充满了丰富的想象力，比较喜欢冒险，讨厌一成不变的生活，愿意尝试各种各样奇葩风格的音乐或事情，大多喜欢阅读，拥有比较丰富的学识或见识。

## 外向型

阿丝一直生活在一个墨守成规的小城市，非常喜欢充满激情和戏剧性的音乐，喜欢能给自己带来新鲜感的声音。在阿丝看来，音乐最重要的作用就是给人一种感官上的新鲜愉悦，给人一种色彩斑斓的美妙感觉。

像阿丝这类人，一般性格都非常外向，对未知充满了各种各样的美好幻想，渴求新鲜的生活或经历，对生活的追求是生动、活跃、高调明快的，他们喜欢动作片或冒险片，但也很容易产生厌烦的负面情绪。在爱情上，他们是一群非常冲动的人，愿意为了怦然心动的感觉而做出匪夷所思的行为。

## *2* 运动方式是性格的展示屏

生命在于运动，生活当中绝大多数人也都爱运动。有些人经常跑步，有些人则经常遛弯；有些人喜欢跑步、游泳、打球等竞技类运动，而有些人则喜欢太极拳、瑜伽等更关注自身的运动……

每个人都有自己偏好的运动方式，殊不知人们偏爱某种运动，并不可能是完全出于偶然，而是与个人内在的脾气品性密切相关。那么，怎样才能通过一个人的运动方式来判断他们的真实性格呢？

**喜欢水上的运动**

喜欢水上运动的人，身上总是透出一种灵气。水有一种魔力，可以让性格暴躁的人，变得静气平和。而经常游泳的人，多持那种简单、放松的生活态度。而那些把游泳作为一种运动习惯的男人，因为充分享受天性中对水的亲切感，一般来说想不温柔也难。

**喜欢力量型运动**

自由搏击、散打、拳击等都属于力量进攻型运动，喜欢力量型运动的人给人的感觉多多少少都有一些火药味。攻击和对抗的力量，增强了他们内心的把控能力，这一点，会让他们得到很大的满足。选择这种对抗性很强的运动，内心深层的理由是他们感觉自己还不够强大。

一般来说，喜欢搏击类运动的人，他们迷恋于胜利的感受，喜欢一次又一次地，体味战胜另一个人的痛快感受。

### 喜欢亲近自然的运动

喜欢登山、户外探险、高尔夫、帆船等亲近大自然的运动的人，往往不是为了征服自然而是去征服自我；不是去探索自然，而是在探索自然的时候，探索自我。

选择这类运动作为个人爱好的人，潜意识是想重新拾起童年时代。原本人人都有的对大自然的好奇。他们的人生之路，大多已经从"追求成功"过渡到"寻求意义"阶段。在生活中，他们会给人温文尔雅、平易近人的感觉，因为他们不再需要通过"战胜"别人来确认自信，或自我的价值。

### 喜欢磨练耐力类的运动

长跑、竞走、野外自行车等都属于体现耐力和意志力的运动，喜欢这类运动的人，通常从小受到的家教相对比较严格，长大以后，也多是勤恳踏实、努力奋斗的典型。而像长跑这样需要极度耐力的运动项目，对他们来说，是一种非常合适的自我减压方式。伴随着汗水不断被排出体外，心理上的抑郁和烦躁也被甩在路边。

从心理学角度来说，他们是一群喜欢跟自己比赛的人，喜欢追求在痛苦中坚持的那种魅力。每一次在想要放弃的一瞬间，他们咬着牙继续坚持，练就了非同一般的耐力和意志，所以做事也会有始有终。

### 喜欢利用头脑的运动

喜欢乒乓球、羽毛球等需要用"头脑"运动的人，比较喜欢单打独斗。与寻找合适的同盟相比，他们更相信自己的判断。这类人通常十分自信，动机鲜明，喜欢寻找机会证明自己的实力。

在职场上，他们头脑冷静、思维敏捷、判断准确、当机立断，因为，任何犹豫和徘徊，都将延误良机而导致失败。不论进攻还是防守，他们的目的，都是为了紧紧抓住对方的空当，使对手比自己早一步露出破绽，这是他们万变不离其宗的独家秘笈。

### 喜欢身心联结的运动

喜欢瑜伽、太极、气功等关注身心联结运动的人，往往在选择这类运动之前，基本上尝试过各式各样的运动。不管是对速度，还是对力量的追求，好像都不足以满足他们的需要。因为不满足于仅是骨骼和肌肉的伸展和收缩，才会返璞归真地回到这类结合着呼吸与心境的特别运动上。

从心理学角度来说，他们能控制自己的动作和心态，有一定的忍耐和坚持能力，看清了世事的贪婪与浮躁的无意义。凡事不强求，也没有所谓的"必须"与"一定"。运动时是这样，生活中更是如此，行动上，量力而为，修炼内心的沉静与辽阔。

### 喜欢团队协作类运动

足球、篮球、排球等都属于需要团队协作的运动，这类团队协作运动带来的最大好处，就是团队精神用不着额外培养。在这种需要大家共同努力才能获得成功的活动中，诸如遵守规则、体谅他人、责任心，还有组织和协调等能力，会得到特别的培养。

从心理学角度来说，这类人一般都活泼开朗，十分热衷户外运动，比较擅长处理人与人的关系。他们非常喜欢热闹，十分惧怕孤独，不喜欢一个人独处。不仅如此，这类人还会尊重每个人的独特之处，清楚自己在什么位置最合适。

## *3*　探索收藏爱好的背后

从古至今，很多人都喜欢收藏，如收藏邮票、字画、古董、钱币、烟标、纪念章，等等。随着人们生活水平的日益提高，收藏热又重新被点燃，成为了流行时尚，被很多人追捧。

你是一个收藏爱好者吗？你身边是否有热衷于收藏的人呢？藏品不在贵贱和多少，重要的是在收藏的过程中体验到精神上的满足与愉悦。从心理学角度来说，收藏其实就是个人对事物喜好及个人的性格体现。通过对收藏物品的观察，我们可以轻而易举地看透他人的真实喜好和个人性格。

那么，千奇百怪的各类藏品中，都隐藏着怎样的心理秘密呢？

## 收藏古董

收藏珍贵古董名画的人，都有雄心壮志，他们在自己的势力范围里想要尽揽古往今来，他们总是期盼找到精神上的知己。他们代表高雅、博学，更是财富的象征，收集者比较注重自己的社会地位和身份；由于收藏品的档次和价值，是收藏者之间品位和目光的较量，所以他们的好胜心都很强。他们最爱面子，也喜欢异性的崇拜。

## 收藏票据

喜欢收藏票据的人，有很强的组织和领导能力，细心，办事条理清楚，按部就班。但是，他们的精力大部分浪费在无用的细节与没有意义的过程当中，有时候让人觉得是未雨绸缪，其实是杞人忧天，因为他们担心的危险出现的机会，实在是太渺茫了。他们偶尔也有寻找刺激的念头，但是顾虑的细节太多，总是无法行动起来，所以，他们的生活几乎是一成不变的。

## 收藏烟斗

专门收藏烟斗的男人，和一心收藏美食经验的男人，其实不想脱离他们的"口腔期性格"——这是沿用弗洛伊德的说法，指靠口腔来满足欲望的家伙。心理学上的"口腔期性格"，指的是贪吃、酗酒、酗烟，性格悲观、依赖、过度洁癖。这样的男人心里藏着一个小孩，需要女人母性的灌溉。

## 收藏玩具

喜欢收藏玩具的人，善于满足，知道分寸，家是他们最快乐的场所，宁静安逸的生活是他们莫大的享受；他们会留恋过去，对曾经拥有的一切感到自豪，并极力保存于记忆当中，总是用一颗童心激起兴奋和幸福；他们追求的就是年轻，总是想方设法保持快乐。

## 收藏模型

喜欢收藏模型的人，一般个性内向、孤寂，容易沉浸在一个人的世界里，个性也会跟组合模型的步骤一样，一板一眼。

## 收藏茶壶

收藏茶壶的人，必然好静，希望在现实生活之中，有自己不被侵扰的天地，这类人，婚后会变得越来越安静，会把心事像茶叶一样泡在茶壶里藏起来。

## 收藏明信片

喜欢收集明信片的人，喜欢回忆过去，相片为他们和记忆中的人或景拉近了距离，使过去的感情更加浓郁。向别人展示藏品，也是向对方介绍自己的一种方式。他们把自己的人生当成一场戏，自编自演兼摄像，努力塑造完美，欣赏结果，更接受一切。

**收藏旧衣物**

喜爱收集旧衣物的人，大多喜爱打扮，喜欢挥霍，想通过外表，使自己成为众人瞩目的焦点。他们坚信自己的收藏品，会再度流行起来，这是他们不可动摇的理由。

## 4　宠物：最真实的内心诉求

在现实生活当中，饲养宠物的人非常多，有些人喜欢养狗，有些人喜欢养猫，有些人喜欢养鱼，有些人喜欢养乌龟，有些人喜欢养鸟，还有一些人喜欢养一些诸如蜘蛛、蛇等比较奇葩的宠物。

你留心过他人饲养的宠物吗？你知道宠物背后的心理学意义吗？

其实，人之所以饲养宠物，是想让宠物服从自己、追随自己，换句话说，饲养宠物是人类的"自我延伸"。也就是说，大家通过养宠物来表达自己的各种精神和愿望，以显示自己的个性特色，甚至有时候还能暗示出人所蕴藏的欲求。

心理学认为，人们总是在无意识的情况下，选择一种长得像自己，或具有自身某些性格特质的宠物。如，慢吞吞的主人，会养慢吞吞的金鱼；动作敏捷、爱说话的人，更偏向养条活泼爱叫的狗，贪吃的人，会将宠物喂得肥肥胖胖；神经兮兮的人，会想到养条蛇。喜欢小狗的人，一般内心都非常希望得到宠爱，而喜欢大狗的人，心理则比较有优越感。其实，外在的宠物，是其主人内在的一种象征。

从这个角度来看，观察对方饲养的宠物，是了解他人深层心理不可或缺的方式之一。一般来说，饲养宠物的心理主要有三种：一是借助宠物让自己实现理想化照料者角色的过渡；二是用宠物来表达内心的自恋；三是用宠物来表达被压抑的情感。

**为理想化照料者角色而存在的养宠物行为**

其实，这种养宠物的行为在日常生活中非常常见，而且多见于儿童。起初，儿童会将洋娃娃当作需要照顾的角色，用来模仿大人照顾自己的行为，满足自己成为一个照料者的心理需但是随着儿童年龄的增长，不吃、不睡、不动的洋娃娃已经不能满足他们的心理需求，因此会通过饲养宠物、照顾宠物来继续完成这一过渡课题。

很多小孩会经历这样一个阶段。实际上，孩子是把宠物看成自己了，而当孩子去充当一个照料者时，他怎么照料宠物，也就代表着希望别人怎么对待自己。

此外，还有一些人是为了弥补童年时的未了心愿。比如父母工作都特别忙的双职工家庭中的孩子，父母忙，所以能够给孩子的关注并不多，但孩子本身，是有欲望与渴望的，在孩子心里有一个理想妈妈的原型，所以他会通过充当"理想妈妈"的角色无微不至地照顾宠物，并以此对自己的内心进行补偿。

### 为表达内心自恋而存在的养宠物行为

这也是一种非常常见的饲养宠物的心理动机，比如特别喜欢干净的人，养的白色长毛狗永远都是干干净净的样子，长毛被梳理得很整齐，且每一根毛都干干净净的，没有沾染泥土或其他杂物等，其实这就是通过宠物来展现特别爱干净的情绪。

养贵宾犬的人，大多有自恋的倾向，他们内心深处常常自以为自己和贵宾犬一样，身上有一种矜持、高贵的品质。养什么像什么，宠物往往是部分人性的真实反映。

### 为表达压抑情感而存在的养宠物行为

人都有多面性，看起来开开心心的人也有悲伤的情绪，人们表现出来的，不一定是最真实的一面，其背后往往有其被压抑的一面。压抑需要排解，而养宠物就是一种很好的排解方式。我们可以通过养可以表达自己内心欲望的宠物，来宣泄自己内心被压抑的部分。比如斯文女孩养恶狗，外表凶狠的大汉养小仓鼠，胆子非常小的人养蜘蛛等。

## *5* 阅读爱好彰显人心

丰富有趣、色彩鲜艳的漫画；内容深刻、逻辑清晰的工具书；花鸟鱼虫、饮食休闲的生活类图书；乐器、乐谱等音乐类图书；古色古香的历史类图书；脑洞大开的鬼怪、玄幻类小说；诸如外星人等科普类图书……21 世纪是一个精神类商品极大丰富的年代，我们有太多的信息可以进行阅读。千百年来，读书一直是一种十分值得推崇的学习和娱乐休闲方式，也是增长知识、提高自身修养的重要手段。尽管日新月异，互联网的普及让人们的阅读习惯发生了一些变化，但阅读依然是人们生活的重要组成部分。

不管是白发苍苍的老者，还是刚入校门的学童，不管是已经步入职场的精英人士，还是尚未进入社会的大学生，可以毫不夸张地说，这个社会人人都在读书。

不过就像人吃饭的口味各有差异一样，不同的人对于阅读内容的偏好也有很大不同。古板严谨的人会喜欢人物传记，年轻男女喜欢言情玄幻，孩子们喜欢字少画多的图画书……在现实生活当中，你留心过他人爱读什么书吗？心理学认为，阅读恰好可以反映一个人的兴趣和品位，换句话说，我们可以通过他人的阅读偏好读懂他们的内心真性情。

### 爱读网络文学

网络文学是近些年来快速发展起来的一种阅读内容，也被称为"快餐文学"。

一般来说，喜欢网络文学的人偏于年轻化，他们逃避现实，随遇而安，没有太大的追求，比较喜欢异想天开、多愁善感，在现实生活中，内心压力比较大，且没办法排解，因此常常生活在网络文学所构筑的虚幻世界不能自拔。经常把自己幻想成主角，或大杀四方，或恩怨情仇。

### 爱读传记

传记一般是指人物传记，包括采访体、自传体、回忆体。

读传记的人总是喜欢从人物本身或事件本身找到一些借鉴，能作用于现实，改变或改善本人所处环境。这类人谨慎小心，会经常提防身边一些人或事，见人说人话，见鬼说会话，尤其是在官场、机关单位等场合可以混得如鱼得水。有事一般不会问别人，比较谨言慎行。

### 爱读散文诗歌

有些人喜欢读文笔优美的散文以及意境很美的诗歌，并将其当作生活的调剂。

喜欢读这类书的人大多性格洒脱，淡泊名利。这类人内心情感丰富而敏感，属于懂得享受生活，品味生活的智者，时常会有一些不切实际的幻想，比较有浪漫主义细胞。无论是在生活中还是工作中都秉承着中庸平和的做人准则，与人相处时常常给人一种如沐春风之感，比较容易接近。

### 爱读军事科学

所谓的"愤青"大多属于这类人。他们喜爱并崇拜自己的国家，有很大一部分人是民族主义者。他们狂暴易怒却又待人忠诚，"路见不平"绝对会"一声吼"而不会选择"事不关己高高挂起"的冷漠态度，日常生活中经常吐槽国家的军事政策，比较健谈。

### 爱读政治法律

想读政治法律类图书的人很多，但大多出于某种目的，比如考公务员、拿律师证等。

如果排除上述原因是真的喜欢读政治法律类图书，那么此人智商一般比较高，他们或幽默风趣，善于调节气氛；或外向开朗，善于滔滔雄辩。这类人喜欢把自己的观点散发出去，并想办法让别人接受，从这方面看，他们有着霸道执拗的一面，但更多的是一种圆滑老辣。

### 爱读哲学

他们是人群中的智者，"大智若愚"。其性格成熟稳重，胸中有丘壑。哲学思想给了他们不一样的思考方式，可以使其辩证性地看待问题。他们一般很少做冲动的事，总是"三思而后行"，所以有时候反应稍慢，尽管如此，他们的决定却大多是正确的。这类人有时候会沉默寡言，因为在他们看来，其他人太笨，交流起来实在太困难。

## *6* 从旅游方式看真实性格

近些年，随着人们生活水平的逐渐提高，除了满足生活的衣食住行之外，很多人都手头宽裕，并开始有了更高一级的精神需求，而在这类精神需求中，旅游是人民群众非常热衷的一种生活新选择。

尤其是在"五一""十一"、过年、双休等假日，带着亲友出去旅游已经成为绝大多数人的一种休闲方式。关于旅游，不同的人有不同的选择和偏好，有些人爱到附近的地方玩，有些人则专门去比较远的地区，有些人喜欢报个旅游团，什么都不操心，听导游指挥就行，但有些人则更喜欢自己自由自在地去旅行。

如今，旅游的方式也变得多样起来，除了跟团和只提供住宿和机票、火车票的自由行的方式外，不少人还会选择自驾游，或驾轿车，或骑摩托，甚至有喜欢骑自行车的。呼喊三五好友，或者带领家人外出实在是一番乐事。此外还有一些人喜欢背包徒步旅行。

关于旅游，每个人似乎都有不同的选择，殊不知对旅游方式的选择正在无声透露着你的真实性格。

## 背包游

背包自主游是介于跟团游和自驾游之间的一种旅游选择。人数非常灵活，可以是一个人，也可以是几个人，甚至是十几个人的团体。出行也非常简单，带上几件衣服，拿着现金和信用卡就可以出发了。可以乘飞机，坐汽车，坐火车，也可以选择骑车、徒步等方式，全凭个人兴趣和想法。旅游目的地的可选范围也很大，只要想去，名山大川、不知名的村落都可以。

这种旅游方式非常灵活、自由、随性，兴之所至，潇洒回归，走到哪是哪，全凭自己喜好，没有太多束缚。

从心理学角度来说，选择这种出行方式的人性格洒脱自由，心思淳厚。他们没有坏心思，不管直来直往还是委婉曲折，都不会想着去坑谁，他们只是凭着本心办事。当他们给你提建议时，是把你当朋友对待。如果你不接受，他们甚至会哈哈一笑，不再和你接触。

## 自驾游

近些年，随着私家车的逐渐普及，自驾游也成为人们出门旅游的重要方式之一。千万不要觉得自驾游很轻松，实际上驾车出游的人都知道，需要准备的东西可不少：汽油、水、路线、维修工具、食物、药品、衣物等。还需要提前找好住宿地等。

自驾游需要做出不少决定，还要提前制订一个比较完备的计划，个性不够自主的人很难下这么大的决定。

从心理学角度来说，选择自驾游的人很有主意，个性独立，遇事有主见，不会轻易被别人改变。他们很注重自己决定的权威性，有时甚至执拗得有些过分，不容别人反驳。他们能很好地照顾自己和身旁的人，同时也会因坚持己见而带来争吵。他们习惯于自己做决定，然后想方设法去完成它，哪怕遇到挫折也不会改变。总体来说，他们是很好的伴侣和朋友。

### 跟团游

跟团旅游一个最大的好处就是省事。车接车送不用自己找路线，等车；餐饮住宿固定，不用头疼住哪儿、吃什么；游点固定，跟着走就行，不用自己决定去哪个点。

跟团游是最省心、省力的一种旅游方式，但也有其缺点。由于什么都是旅行社包办，所以乘车时间、饮食住宿、交通路线、游玩景点、游玩时间等都是固定的，不能进行个性化选择。

从心理学角度来说，选择跟团旅游的人性格温和善良，很少生气发火，甚至有些懦弱。平时生活也是得过且过型的，总是能省事就省事。朋友之间能不联系就不联系，同事之间更是没事不联系，有事少联系，"宅男""宅女"多是这种性格。

## *7* 饮食口味背后的迥异性格

一方水土养一方人，饮食与民族之间的关系实在是一件非常有意思的事情。比如，同样是面包，俄罗斯远近闻名的面包叫"大列巴"，个头大、分量足，面包的外形就好像俄罗斯人一样粗犷豪爽，不拘小节；而法国最出名的面包则是大家非常熟悉的"面包圈"，精致而小巧，通透过制作精美的面包就好像看到了浪漫柔情、情感丰盛的法国人。到了美国，人们的饮食则多以快餐为主，尤其是炸鸡非常受欢迎，有心理学家指出"爱吃油炸食品的人更勇于冒险"，这一点似乎在美国人身上得到了很好的验证。

食物与心理有着密切的关系，英国行为心理学家通过大量的事实研究，得出了这样的实验结论：人的性格与口味有着密切的联系。换句话说，我们可以通过一个人的饮食口味来探索他的内心世界，了解他独一无二的性格。

### 喜欢吃甜

喜欢吃甜食的人，性格往往相对温和，在性格上多属于"黏液质"型。他们为人谨慎，在处世上相对保守，不太喜欢冒险。从地域上，上海、江浙地区的人相对嗜好甜食。甜食滋养出的"上海好男人"，想必大家都不会陌生吧。女性若是嫁个"上海郎"，那么，里里外外都不用操心了。上海男人既会挣钱又精于家务，不足之处是缺少那么点男子气概。

### 喜爱吃咸

待人接物稳重，有礼貌，做事有计划，踏实苦干，但容易轻视人与人之间的感情，有点虚伪。

盐类食物富含金属元素，如钠、钾、钙、镁等阳离子，金属离子是神经传导的重要递质，也可以说，是理性思维活动的重要环节，因此，喜欢高盐食物的人，极具工作的计划性和条理性，但往往感性思维不够，因而，相对比较冷漠。

口味重，爱吃咸的人，可能是体内缺碘。吃太多盐，易得高血压、肾脏病。要摄取碘质，亦可改由海苔、海鲜中取得，日常生活宜采低盐分饮食为佳。

### 喜欢吃辣

观察一下你身边的人，假如她是个嗜辣如命的人，那她想必相对"泼"。嗜辣的人，脾气常常相对火暴。这类人在性格上，多属于"多血质"型。他们待人往往热情大方，但发起脾气来也很吓人。从地域看，四川、湖南、贵州、云南这些地方的人，相对嗜辣，而这几个地方的人的脾气，也和这里的辣椒一样火暴。

### 喜欢吃酸

喜欢吃醋、酸梅、酸枣、酸菜等的人，一般都比较有事业心，但性格较孤僻，不善交际，遇事容易钻牛角尖，缺乏知心的朋友。

从营养学角度来说，酸性的食物，多含有较高的非金属元素，如硫、氯、磷等。正常人体的血液应为弱碱性，血液如呈偏酸性，不利于人的正常思维活动。过多的酸性食物的摄入，形成的"酸性体质"，极有可能是性格孤僻，甚至是"孤独症"的直接成因。

很多怀孕的妇人会想吃酸味食物，此外，一些肝、胆功能不佳的人，也会比较偏爱酸味。

**喜吃清淡**

喜欢吃清淡食物的人，往往非常注重交际，善于主动接近别人，个性随和，但独立性不强，不愿意独立行事。

从生理角度来说，喜食清淡的人，往往新陈代谢相对较慢，因此，不属于思维特别活跃的类型。他们处事多能泰然处之，但缺乏统帅的才能和决断力。

在日常生活中，清淡的饮食值得提倡。但是，过少糖分与盐分的摄入，可能引起食欲不振和消化不良。

## *8* 色彩偏好也能看透人心

德国心理学家鲁米艾尔是用颜色喜好作性格判断的第一人，自此以后，这种色彩心理学的研究迅速风靡全球。

就好像我们选择的食物，会对身体健康产生不容忽视的影响一样，颜色对一个人的精神和生命活力也起到非常重要的作用，同时也刺激着人的心理。颜色与人的性格确实存在着非常密切的联系，人对于色彩的喜恶，可以反映出一个人心中潜藏的愿望。

你想知道色彩偏好背后的真实性格吗？赶快来学点色彩心理学的知识吧！

## 绿色

绿色是由蓝色和黄色对半混合而成，象征着生命力、平衡。绿色被认为是和平的促进者，和谐与稳定的追求者。

从心理学角度来说，喜欢绿色的人，喜欢简单随意的生活方式，一般比较厚道，遇事比较中庸，不喜冲突，善于倾听，不过他们容易缺乏主见，行动也比较缓慢，缺乏激情，遇事被动，不懂拒绝。

这类人喜欢隐藏自己的思想，不会过多关注别人的事，是很好的聆听者。他们宽容透明，非常友善，适应性强，比较乐于助人。

如果是女性，那么大多会是一个坚韧实际的母亲，她们安于现状，行动慎重并且很努力，常常压抑自己的欲望，比较富有奉献精神，在感情方面羞于主动。

总的来说，这类人很容易成为别人最好的朋友。

**黄色**

黄色是所有颜色中反光最强的，它有激励、增强活力的作用，能够增加清晰度。喜欢黄色的人，其深层次的驱动力来自对目标的实现和完成。

偏爱黄色的人，他们一般具有前瞻性和领导能力，通常，都有很强的责任感、决策力和自信心。控制欲强，喜欢挑战，喜欢争辩，意志坚强，独立自信，讲究速度和效率，办事有推动力，是天生的领导者，很有生意头脑。但有时不免傲慢自大，缺乏同情心，对结果过分关注，往往忽略了过程的乐趣。

他们富有高度的创造力及好奇心。关心社会问题甚于切身问题，喜欢追求崇高的理想，尤其热衷社会运动。相当自信，而且学问渊博，也引此为傲。

喜欢黄色的人，做事潇洒自如，说话无所畏惧，不担心别人考虑什么。不易动摇，是可以信赖的人。但他们通常容易封闭自我，不会让很多人真正走进他们的生活，一般只有一两个好朋友，看起来好像社交家一样，其实内心很孤独。他们一般比较理性和冷静，对自己的智慧和能力充满信心，因此也期望获得他人的赏识。

**红色**

红色是一种饱和度非常高的颜色，给人以热情、奔放、饱满的感受。

偏爱红色的人，活力、热情、大胆、新潮、精力充沛，而且很会赚钱。对流行资讯感应敏锐，最容易感情用事；有强烈的感情需求，希望获得伴侣慰藉。他们内心非常自信，思维非常敏捷，也很聪明，喜欢追求快乐的生活，喜欢富有变化和刺激的事情，心态开放善纳，热情主动，好奇心强，乐于交友。

快乐是这类人的最大驱动力。他们积极、乐观，天赋超凡魅力，随性而又善于交际。说话做事快而不假思索。他们属于精力旺盛的行动派，不管花多少力气，或多少代价，也要满足自己的好奇心和欲望，不过缺乏耐心，常常稍微不顺就会生气，是典型情绪化的人。

## 蓝色

蓝色是一种非常内敛的颜色，给人以沉静之感。

偏爱蓝色的人，性格大多比较内敛，有点追求完美，有一套严肃的生活哲学，他们低调而有序，敏感而细腻，善于分析，有非常强大的自控力。不过这类人非常容易患得患失，总体上比较消极悲观，由于太过专注细节，凡事都喜欢过度计划，所以会给人一种不容易接近的感觉，实际上他们是很好相处的人。

## *9* 朋友圈里的秘密心事

微博、微信、QQ……如今每个人都离不开网络社交平台，而在这些社交平台上，也有各种各样的"晒晒晒"。有些人每天都在九宫格"晒娃"，常常被大家戏称为"晒娃狂魔"；有些从事微商的人，天天发各种各样的广告，一发就是连续好几条，简直是"刷屏帝"一般的存在；也有人天天"晒旅游"，马尔代夫的海滩，古老的欧洲建筑，美国的自由女神像，似乎处处都有他们的足迹；还有人热衷于"晒美食"，各种看起来十分诱人的美食图片，简直让人垂涎三尺，而且还时常在深夜发，被不少网友调侃为"深夜放毒"……

如果仔细观察的话，你会发现，每个人在网络社交媒体上发布的信息并不相同，其实这些状态表面看起来杂乱无章，如果换个角度，从心理学的角度去看，就会发现，这些状态统统都是人的真实性格在社交平台上的真实映射，也就是说，通过社交平台的信息，我们可以分析出他人的真实心态。

### 只点赞不回复

在朋友圈总有一些"万年潜水族"，他们最新的一条消息可能是上个月，甚至是前几个月或前一年的，这类人很少会频繁地发朋友圈状态，但是却会时不时冒出来给别人点赞，通常也不会进行文字上的回复。

从心理学角度来说，这类人比较在意自己的隐私信息，为人做事低调，不喜欢哗众取宠。不过这也恰好显示了他们不怎么充足的自信心，当看到别人晒幸福、晒恩爱、晒存款时，难免会受到这些信息的影响，进而产生羡慕嫉妒恨的情绪，悲观者还会生出自己处处不如人的哀伤怨念。

**内容以炫耀为主**

"'十一'七天欧洲游，行程好紧凑，骨头都散架了！""××店的下午茶真是没得说，也不枉我特地开车三小时。""×× 果然好爱我呀，非常喜欢的情人节礼物——心仪已久的LV包包。""我家小公主最可爱，看这甜甜一笑，简直让人的心都化了"……

类似这种充满炫耀意味的信息，是网络社交平台上的最主要的内容之一。虽然大家炫耀的东西不同，有人炫幸福，有人炫恩爱，有人炫旅游，有人炫豪车别墅，有人炫珠宝，有人炫收藏，有人炫孩子，有人炫宠物……但这些都属于炫耀型的内容。

从心理学角度来讲，喜欢在微信上发炫耀型内容的人，大多非常自恋，非常渴望从旁人的认可中获得存在感和满足感，其性格或多或少有些小虚荣或内心极度空虚，非常缺乏自我认同感。

**发泄情绪较多**

"这个点还在加班，郁闷！""啊啊啊啊，要累成狗了。""看在奖金的份上，我就再坚持加班一会会。""七夕节到处成双成对，作为单身狗，好不开心"……这些也是非常常见的内容。总的来说，这类内容主要是以情绪发泄为主。

经常发这类信息的人，精神压力很大，又不是很善于表达自我，性格偏内向，对家人朋友等都是"报喜不报忧"，也很少会把自己的苦累说与旁人听，所以便选择了这种虚拟空间来发泄情绪。

**内容多是拓展型**

所谓拓展型就是一些新动态、新消息、新知识等，比如自己正在阅读的图书、正在学习的特长、正在关注的行业新信息等，都属于拓展型的内容。

从心理学角度来说，这类人大多对物质上没有什么追求，但却非常渴求精神食粮，他们好奇心强，对未知充满了积极期待，渴望学习更多的技能，懂得更多的道理，活得更智慧、更通透，并且也非常愿意为此付出努力，属于有思想追求、有明确目标、有鲜明个性、有激情活力的某一领域的"发烧友"。

# 第七章 服饰展示台：装扮折射人的思想与品位

## *1* 服饰展现人的思想和品位

人在降生于世时是赤条条的，后来有了羞耻之心，服饰也就由此而开始发展。虽然人们是为了遮羞，保暖，保护身体不受伤害而穿衣，但时至今日，服饰所起到的作用早已经不止如此。在心理学家们看来，人们所穿衣服的颜色、质料与式样，都会毫无保留地将其个性特征、心理状态袒露出来。

正如大文豪郭沫若先生所说："衣服是文化的表征，衣服是思想的形象。"一个人所穿的衣服能把自己的个性特征和心理状态袒露无遗。因此，从一个人的服饰透视他（她）的性格特点和内心世界，不失为一个识人的好办法。

**服饰颜色**

服饰的颜色非常多样，不同的服饰颜色背后也有一定的心理玄机。通常来说，经常穿深颜色衣服的人，不太爱说话，性格比较稳重，显得很有城府，很老练，他们遇事冷静，深谋远虑，比较有心眼；经常穿浅颜色衣服的人，个性比较开朗、活泼，谈吐能力较好，擅长交际。

爱穿五颜六色衣服的人，常常标新立异，总想引起世人的注目，而且他们往往聪明伶俐，创造力较强，一般不会随波逐流；而有些人则经常穿单一色调的衣服，这类人大多比较正直、刚强、理性思维较强，感性思维较弱。

### 服饰款式

如今的衣服款式十分多样，各种各样的款式都有：流行的、怀旧的、大众的、个性的……通过服饰款式也能看出一个人的性格哦！

爱穿流行款的人，非常容易受周围人和环境的影响，缺乏主见，大多没有自己明确的审美观，这类人一般情绪波动大，遇事也比较情绪化。

爱穿同一款式衣服的人，性格大多比较直率、爽朗；对人很讲义气，很遵守诺言；做事认真负责，大胆果断，显得非常干脆利落。这类人自我意识比较浓，立场很难改变，有点小清高、小自傲。

爱穿独特款式衣服的人，爱表现、张扬，虚荣心比较强，爱成为外人注目的焦点，有些任性，听不进他人的意见，有点独断专行，他们时常会自作聪明，结果却聪明反被聪明误。

根据喜好选款式的人，独立性很强，他们有一套自己的生活和工作哲学，做事有原则、有底线，不容易被外界影响，且具有很强的判断力与决策力，一旦他们制定了自己的目标，执行起来也是雷厉风行。

### 服饰风格

喜欢华丽风格服饰的人，往往具有强烈的表现欲和虚荣心，而且金钱欲很强，是金钱主义的典型崇拜者。当你看到这类身着华服的人时，不妨多夸奖他（她）们的服饰或其他方面的优点，满足一下他（她）们膨胀的表现欲。这样，他（她）们就不会轻易与你为敌。

喜欢朴素大方风格衣服的人，性格比较沉着、稳重；为人真诚厚道，比较含蓄，不爱张扬；工作起来踏实能干，具有高度的责任心。但这类人的不足是，太过于本分，没有创新能力，缺少魄力。

喜欢宽松舒适风格的人，大多比较聪明，有比较独特的见解。但这类人大多很内向，做事缺乏信心与魄力，自我意识特别强，常常以自我为中心，比较孤僻，不愿与别人共处，爱独来独往。

喜欢紧身突显身材衣服的人，性格是很开放不拘的，最不愿意受约束，常有叛逆心理，但力量微弱，容易被世俗的势力打倒，想超脱又做不到。这类人做事比较干净利落，生活很检点。若是女性会很温柔，富有同情心。

喜欢套装的人，通常比较循规蹈矩，缺少创新精神，热衷于争名逐利，爱当领导，喜欢受人夸奖，很注重自己在他人心目中的形象，言谈举止都很讲究，衣着很严肃、很庄重。这类人能吃苦耐劳，适应能力比较强，即使在很艰苦的条件下照样能干出一番事业，所以很受人尊重。

喜欢牛仔服饰的人，大多个性奔放不羁，做事率性而为，不墨守成规，喜欢突破、创新；对人十分随和、亲切。但这类人目标不大，爱顾眼前利益，有享乐主义色彩。

## *2* 鞋子是穿在脚上的表情

心理专家认为，鞋的选择"源于潜意识"。人们在选购鞋子的过程中，很少会考虑到鞋子的款式和自己的性格是否搭配，和自己的气质是否吻合等，大多数人在选购鞋子的过程中都是顺着自己的潜意识走的。看哪双鞋子顺眼就买哪双，事实上，大多数人都说不出为什么自己会看某一双鞋子顺眼。

鞋对于男女的象征意义是有区别的，一般女性比男性更关注自己的脚和鞋，女性的鞋子装饰性更强，而男性对鞋子的关注度相对较低，装饰性也相对较弱。但不管是男性还是女性，所选购的鞋子都能反映出其真实的性格和习惯。

在社交活动中，你观察过对方的鞋子吗？其实，每一个人的鞋子都会带有他们的个人心理特质。尽管鞋子非常不起眼，但我们从一个人最不经意的鞋子和穿鞋习惯中可以更好地了解他人，因为潜意识里的念头会投射到日常生活当中。

那么，鞋子背后究竟都有哪些心理秘密呢？

**男性鞋子**

著名的肢体语言专家福利克·埃弗雷特根据穿鞋习惯，把男人分为五种：

传统黑皮鞋：爱穿这种鞋的男人多大男子主义，他们习惯穿正统黑皮鞋，而且还会把鞋子擦得亮亮光光，从来不会穿脏鞋子或旧鞋子出门。这种类型的男人,对父母长辈非常尊重孝敬,有主见,不容易受外界环境影响,但有些独断专行,不太听得进他人的意见。

休闲鞋:喜欢穿休闲鞋的男人一般都很看重品位,他们对鞋子要求很高,不但要舒适,还要款式好看,更要搭配合适的服装。这类男人注重休闲生活和生活品位,喜欢掌握主动权,主观意识强,对自己的要求很严格,对异性的要求更是挑剔。在生活上,他是个有规律的计划者。

同款鞋:有些男人总是穿着固定款式的鞋子,他们大多怀旧,对于自己所习惯的人、事、物,总有一份深深的依恋。就算他身边的人无理取闹、任性、孩子气,他也会以一种包容的心态去对待。

旧鞋:有些男人常穿旧鞋,虽然不是新的,但鞋子通常很干净,保养得也比较好。这类人很节俭,性格比较保守,为人处事上不够圆滑,常常得罪人而不自知,属于默默耕耘的一类人,在感情上,比较拘谨、保守,所以常常暗恋不敢表白。

### 女性鞋子

高跟鞋:这是一种极富女性特征的鞋,能营造出一种女性所独有的魅力氛围。从心理学角度来讲,喜欢穿高跟鞋的女性,在性格上成熟大方,属于非常具有女性魅力的一类人,她们经常是男性眼中的"女神",但这并不代表她没大脑,相反她们头脑聪明,工作上也十分努力,在待人方面很坦诚,所以一般人缘不错。

休闲鞋：喜欢穿休闲鞋的女性性情开朗活跃，她们个性随和，待人和善，喜欢和人交朋友，但实际上，这些只不过是表象而已，要想走进她们层层防守的内心世界并不容易。这类女性内心脆弱，有着想隐藏的不为人知的秘密，所以总是会把自己层层武装起来。

长短靴：不管是长靴还是短靴，是棉靴还是单靴，都会给人一种俏皮的感觉。喜欢穿靴子的女性内心崇尚自由，她们大多有着较强的表现欲，因不受外界以及世俗的拘束所以显得活泼、机灵。从个性上来说，喜欢靴子的女性内心坚强、思维独立，她们有着"大女人"的睿智，同时又兼具少女的俏皮和灵动，总体来说是一类比较有吸引力的人。

## *3* 领带是男人的心理名片

在比较正式的场合，男士们往往要穿西装、打领带，这是一种最基本的社交礼仪。虽然男人们的正式西装看起来大同小异，不过领带的样式、花色就非常繁多了，能够在千篇一律的西装中营造出个体的个性与气质。

领带起源于 17 世纪后半叶，最初是宫廷的绅士们用来装饰上衣襟的，发展到今天，领带已经成为西装最重要的装饰物。如果你想在社交场合更加深入地了解一位男士，那么不妨从他的领带中找找答案。在心理学家眼中，领带可是一个男人的专用心理名片。

### 看领结大小

仔细观察的话，很容易发现，男士们的领带结大小非常不同，有的大小、松紧比较适中，有的人领带结又松又大，还有些人则是又小又紧。

从心理学角度来看，领结的大小也能看出对方的个性。一般来说，领带结不大不小的人，看起来容光焕发、精神抖擞。他们获得了心理上的鼓舞，会在交往过程中注重自己的言谈举止，显得彬彬有礼，不轻举妄动。由于认识到领带的作用，他们在打领带结的时候常常一丝不苟，把领带结打得恰到好处，给人以美感。领带结既大又松的人，情感非常丰富，并且喜欢展露自己的风采，不喜欢拘束，他们会积极拓展自己的生活圈，主动与他人交往，交往技能非常高超。领带结又小又紧的人，通常希望自己能看起来更"高大"一些，如果没有体形之忧，则是在暗示他人最好别惹他们，他们不会容忍别人对自己的一点轻视和怠慢，这是气量狭小的表现。他们凡事大多先想自己，热衷于物质享受，他们一个人守着自己的阵地，孤军奋战。

### 看领带搭配

白色衬衫＋红色领带：红色象征火焰，代表奔放的热情，更是一种积极和主动的表现，男人选择红色领带，就是想要让自己成为关注的焦点，他们属于充满野心的类型。白色代表纯洁，是和平与祥和的象征，如此搭配，象征的是他们如火一样的热情和纯洁的心灵。

白色衬衫白色 + 黑色领带：喜欢这种打扮的人多为稳健老成之士。他们懂得什么是人生的追求。

白色衬衫 + 深蓝领带："蓝领"代表职工阶层，"白领"代表管理阶层，白领的诱惑远远超过蓝领，喜欢这种打扮的人在奋斗过程中常常出现急功近利的表现。

灰色衬衫 + 黑色领带：这样的装扮会给人一种压抑的感觉，这说明他们有很深的忧郁，这份忧郁是气量狭小所致。

浅蓝色衬衫 + 多色领带：五彩缤纷的领带充满了迷离和诱惑，选择这种领带和衬衫搭配的人拥有一股市井气，他们追逐的目标总是换了一个又一个。

黄色衬衫 + 绿色领带：绿色象征生命和活力，黄色代表收获和金钱，这样搭配领带和衬衫的男人富有青春活力和朝气，想什么就做什么，不过有时鲁莽冲动，自控能力较差。

绿色衬衫 + 黄色领带：他们流露出的是艺术家的气质，他们与世无争，保持柔顺的性情，对人非常和蔼可亲。

**领带识身份**

通常，一个人的身份以及职业等也会影响他们挑选领带的风格，换句话说，我们可以根据一位男士的领带风格来推测他们的身份以及职业等信息。一般干部、职员、官员上班或执行公务时佩带的领带以庄重大方为主；家境富裕的二代们或想伪装成经济富裕的人，通常都会戴看起来十分华贵的领带；设计师、艺术家等创意性行业的从业者，一般在选择领带上都比较出格，常常会选择比较离奇、特别的图案。

**不会系领带**

连系领带这种小事都要人代劳的人，大都心胸豁达而不拘小节，不太在意自己的外在形象，而且也不屑将精力消耗在系领带这样的细节问题上。

## 4　口红是女人的个性标签

爱美是女人的天性，尤其是在这个美容化妆非常主流的年代，几乎很少有成年女性从没化过妆。口红是众多化妆品当中最不可缺少的一部分。小巧玲珑的口红很招女士们喜爱，它不仅可以有效提亮整个人的气色，让广大女性朋友看起来精神满满，还能够通过各种各样的唇色来营造独一无二的个人气质。

从心理学角度来说，口红起的不仅仅是画龙点睛的作用，还相当于女性的第二皮肤。通过一位女士的口红颜色，我们就能窥见她们的真实性格和性情，女性的容颜、精神面貌以及内心活动，全部展现在这方寸之间的红唇上。

### 红色系

红色系口红是常见的一种颜色，饱和度非常高，大红的颜色能起到突出嘴唇的作用，会给人一种性感、成熟、妩媚的感觉。喜欢涂此种色系的女性，大多内心非常自信，属于典型的"大女人"。

### 粉红色系

粉红色系也是常见的色系，象征着女性的纯洁、可爱。淡粉红色和鲜粉红色给人完全不同的感觉。淡粉红色给人清纯的气氛，鲜粉红色则较为爱玩的女子所喜爱，而无论哪一种都很吸引男性。尤其是在初次约会的时候，很多女性都会涂粉红色的唇膏。爱用粉红色系的女性，比较擅长撒娇，对恋爱充满了浪漫的幻想。

### 橘色系

橘色系的唇膏，看起来非常柔软，会给人一种容易亲近的感觉。喜欢这种色系的女性具有很好的判断力，自制能力比较强，大多是尽忠职守的上班一族。在恋爱方面，此种女性敢爱敢恨，愿意为男性做出自我牺牲，在家庭中兢兢业业地扮演好母亲、好妻子角色。但如果遭男性背叛，那么她们就会变得歇斯底里、妒火难熄，绝对不会轻易原谅对方。

**珍珠色系**

珍珠色系的唇膏，看起来有一种特别的光泽，也有非常多的女性朋友喜欢。一般来说喜欢珍珠色系唇膏的女性有明显的自我主张，能表现自己的欲望，喜欢过自由自在的生活，是富于个性且热情的人。在恋爱方面，她们讨厌受男性的束缚。

**紫色系**

喜欢紫色系唇膏的女性，喜欢妆扮后的自己，自我表现欲很强。她们喜欢浓妆艳抹，无论是打扮还是发型都力求引人注意。喜欢此色系的人，常常会给男性一种不容易靠近的感觉，但距离产生美，她们反而因为这种距离感而显得十分神秘，因此颇受男性的喜欢，在男性眼里，她们身上有不可思议的魅力和个性。这种女性不喜欢平凡的生活方式，属于女性至上的类型，常要对方照着自己的原则走。

**褐色系**

褐色系的唇膏并不华丽，但给人一种安详、沉稳、含蓄、魅力收敛的感觉。喜欢此种色系的女性不论在化妆或打扮上，都自有一套，而且对自己很有自信。她们对流行元素亦很敏感，愿意花时间自我磨练，对于金钱、恋爱都能以冷静的态度对待。对男性也有敏锐的观察力，要求也很高。

### 绿色系

这是真正愤世嫉俗的颜色，敢用这种颜色的女子颇有反叛精神。她们有自己的想法，而且性格固执，有的甚至还很火暴，喜欢玩反恐精英游戏的女孩，大多不会拒绝这个颜色。男性对她们一般没有好感，最多是尊重，但她们满不在乎，因为她们为自己而活。

### 白色系

想标新立异但胆子又小的年轻女性，在穿上白皮靴，扎上马尾辫后，就自然而然地想到用这个颜色的口红。一般这时睫毛上得有珠光呼应一下，否则会被当作不小心沾了白漆。这样的女性在恋爱方面往往没什么经验，而恋爱失败对她也不会有什么创伤。喜欢涂白色口红女子的男性，大多是想有个小阿妹。

### 蓝色系

追求浪漫的女孩会选用这种颜色。相比紫色，蓝色少了份邪魅多了份善良，男性对涂蓝色口红的女子会有亲切感，就好像是遇到了正想出门幽会的邻家女子。但是亚洲人普遍肤色偏黄，所以除非肤色白皙，否则用蓝色口红的话，会使你看上去像是热带鱼类。

## *5* 通过手表看时间观念

手表不仅可以看时间，还是彰显一个人品位的象征。你注意过他人手腕上佩戴的手表吗？什么样的性格选什么样的表，我们可以从一个人的佩表去窥探一下他们的内心世界，此外，还能从手表中看出一个人的时间观念。

### 不戴手表

现在如果只是单纯地看时间，完全没必要戴手表，毕竟人手一部个手机的年代，看时间的话，手机完全可以满足这一需要。在实际社交活动中，我们常常能遇到手腕上什么都不戴的人，既没有手表，也没有戴手串等物品，这类人性格上通常都非常务实，个性独立，不喜欢被任何人支配，也不会被时间所支配，做事的时候比较独立自主。

### 戴运动手表

时尚运动类的手表是我们非常常见的一种表，表盘的直径大多比较大，表盘上的计时圈也是密密麻麻的，看起来酷劲十足。一般戴这种表的人，以青年男女为主，他们追求潮流和酷炫，非常有个性，人也非常有趣且善于享受生活。与这类人相处，往往充满了新鲜和刺激感，当然了，保不准也会有一些情感上的意外哦。如果是年龄较大的人佩戴此种类型的手表，那么多半说明对方有一颗永远年轻的心。

### 戴商务手表

商务手表大多都是价格较高的品牌手表，样式简单大方，看起来四平八稳，没有花哨的钻饰和让人眼花缭乱的多功能，简简单单的，却可以用于各种各样的场合。从心理学角度来说，喜欢戴商务手表的人，有一定的经济实力，比较有事业心，他们追求朴素踏实，属于传统意义上的好男人，工作效率一般比较高，属于职场中的精英人群。

### 戴低调手表

所谓"低调手表"，顾名思义，就是绝大多数人都不认识的品牌，外观上既没有黄金，也没有闪亮的钻石来装饰，看起来非常质朴。喜欢戴低调手表的人，往往已经不需要用黄金钻石来证明自己的实力了，他们低调而精致，于细微处透出深厚的内力，内心豁达，对生活有着独特见解，一般有着非常丰富的人生经历，浑身透露出"千帆看尽"的淡然，在爱情方面，他们不看重外貌，更在意是否有智慧。

### 戴异型手表

这类手表绝对不会是主流品牌也不会是大众款式，不管是样子还是设计，都透露出一种与众不同之感。从心理学角度来说，喜欢戴异型手表的人，不愿和一般人重样，但因为经济能力所限，无法购买价高稀缺的表款，所以常常会选择一些相对冷门的品牌，既可以远离俗套又不至于瘦了钱袋。这类型的人，性格中有强烈的自尊心和小小的自卑感，比较在乎自己的面子和形象，穿着打扮上通常都比较用心。

### 戴张扬手表

钻石！黄金！亮闪闪！张扬型的手表，让人看到的第一反应就是"贵"，不管是表盘、表链，还是刻度、表圈，处处都被贵金属或钻石等武装起来了。总的来说，这种手表好看不好看是次要，重要的是一眼看上去就很值钱。喜欢戴这类手表的人，一般内心都有些虚荣，非常喜欢向周围的人炫耀，他们恨不得让全世界的人都知道他有钱，自我表现欲望很强，往往还很喜欢锦衣华服。

### 戴时区手表

时区手表，顾名思义就是可以显示不同时区的手表，可以细致到显示出世界各地不同城市的时间。从心理学角度来说，一般经常戴这种表的人，拥有非常强大的想象力，他们渴望去世界各地区旅游，虽然计划到许多地方去，但实际上却什么地方也没有去。其实是否到过那些地方并不重要，满足自己的幻想需求才是重点，实际上时区手表只是给了他们一个可以逃离现实的机会。

### 戴怀表

如今，怀表已经是非常少见的一种表型了。一般喜欢戴怀表的人，内心比较念旧，他们大多有着非常平和的心境，喜欢复古的生活方式，也非常喜欢收集一些诸如老式烟斗、鼻烟壶、老瓷器、八仙桌等老物件。在感情方面,他们有耐心、举止高雅,喜欢以鲜花、糖果和情诗来追求浪漫,愿意花时间维持一份长久的关系。

# 6 帽子盖不住人心

帽子可以用来防寒、保暖,不过在当今社会,帽子的保暖作用已经非常弱化,而装饰性才是最主要的作用。从心理学角度来说,帽子已经成为展示一个人的品位、地位等许多方面的有效载体。作为一种装饰品,帽子使一个人的个性得以展现在众人面前。

## 圆顶毡帽

喜欢戴圆顶毡帽的人,看起来一副老百姓的派头,他们也常常以此自居。这类人对任何事情都非常感兴趣,很少表达自己的看法,但并非是没有主张的人,只不过不愿随便得罪人,所以常常选择附和。

这种人忠实肯干,痛恨不劳而获的人,有着正直的金钱观,相信君子爱财、取之有道,追求平稳踏实的生活,认为付出才有收获,赚钱有底线,绝不会碰不义之财。只要认定了一件事情,就一定会全力以赴,而对于报酬,他们只拿属于自己的那一份。可以说,他们是以自己的美德赢得尊重的。选择朋友时，表面随和，其实有点挑剔。他们坚信"道不同不相为谋"，因此除非对方和他们有类似的看法和观点，否则他们是不会考虑深交的。

### 礼帽

一般情况下，戴礼帽的人自认为自己稳重而有绅士风度。他们欣赏男人穿西装打领带，女人穿套装旗袍，而对那些袒胸露背穿超短裙的女人表示不屑一顾。他们经常表现得热爱传统，喜欢听古典音乐和欣赏歌剧，有时甚至公开反对那些他们自认为是糟粕的东西，要求政府出面制止这些在他们看来大逆不道的行径。即使是炎热的夏季，他们也从不穿着凉鞋和拖鞋走路，认为这是非常不绅士的做法。

这类人性格上有点清高，常常自命不凡，认为自己是干大事的人，非常爱面子。不过在做事上，他们又没有什么冒险精神，总是循规蹈矩，做决策时往往过分保守，所以成就并不大，他们自己也不是很顺心。 在朋友们眼中，他们保守、呆板，不知变通，而且比较有城府，所以他们和朋友之间的友谊不会太深。

### 鸭舌帽

戴鸭舌帽的人希望能显示出稳重、忠实的形象，他们认为自己是客观实际的人，从不虚华，面对问题时，他们也确实能从现实出发，不会因为小节而影响整个大局。

在与别人打交道时，他们喜欢兜圈子，即使把对方搞得晕头转向，也不直接说出他们的心思。因为他们的自我保护意识很强，不愿轻易让别人了解他们的内心。

在生活中，他们比较会敛财聚物，且不乱花一分钱。他们不相信不劳而获或少劳多获，而是恪守"一分耕耘、一分收获"的信条，艰苦创业，从不懈怠。

### 彩色帽

喜欢戴彩色帽子的人，一般对色彩很敏感，并且非常擅长搭配衣着等。他们对时尚非常敏感，喜欢色彩鲜艳的东西，遇到新鲜玩意或事物，他们总是最先尝试，是那种"敢为天下先"的人。在工作上他们精力旺盛、朝气蓬勃，做事时常常充满热情和干劲，但同时也比较情绪化，容易被内心的空虚感打败。在生活态度上，这类人喜欢过多姿多彩的生活，懂得享受人生，非常在意自己的感受，并且总是以弄潮儿的身份走在时代前列。此外，他们还有一颗不甘寂寞的心哦！

### 旅游帽

旅游帽无法御寒，往往也不能有效地遮挡阳光，基本是用作纯装饰。喜欢戴这种帽子的人多半是想以此来表现某种气质或形象，甚至用来掩饰一些他们认为不理想或者有缺陷的东西。这反映出他们凡事喜欢遮遮掩掩，不肯以真面目示人，是善于投机的人。也正因此，真正了解他们的人很少，一般人看到的只是他们的表面。

他们往往恃才傲物，自以为是，在别人面前既唱红脸又唱白脸，以为自己做得天衣无缝并沾沾自喜，其实别人早已看出他们的心思。因此他们真正的朋友不多，即使有也多面和心不和。在事业上，这种人惯于钻营，虽然有时也会收到意想不到的效果，但终究不会有大的成就。

## 7 包：随身携带的心理便条

你注意过他人随身携带的包吗？在社交活动中，我们往往会把全部注意力放在对方本人身上，而很少会注意到他们拿什么包。其实包就好比是一个随身携带的心理便条，一个人对包的选择，在一定程度上向外界传达了一定的个人信息，只要我们懂点心理学，完全可以通过包来认识拿包的主人。

### 不带包

有些人不习惯带任何包，他们常常将钱包、手机、钥匙随身塞进衣兜里，在他们看来，带个包完全是一种负担，实在太麻烦了，所以干脆不带。除了怕麻烦外，还可能是因为他们的自主意识比较强，希望独立，而包会在无形当中造成一些障碍，他们不希望对任何人任何事负责任。

### 公文包

选择公文包的人，大多办事较小心和谨慎，对人也较为严肃，事业心比较重，做事认真而严谨，对自己的要求比较高。

### 手提包

选择小巧精致不实用的手提包，一般来说都是比较单纯的女孩子的选择，但如果步入成年，还热衷于这样的选择，说明这个人对生活的态度是非常积极而又乐观的，对未来充满了美好的期待。

把手提包当购物袋的人，很讲究做事的效率，做起事来比较杂乱无章，他们的性格比较亲切和随和，有很好的耐心，满足于自给自足。

选择有很多袋的手提包，这类人的生活是十分有规律性的，而且能在大多数时候保持头脑清醒，不会轻易做出糊涂的事情。

### 肩带包

这是一种非常常见的款式，样式和上学时候的书包差不多，喜欢这种中型肩带式手提包的人，性格上比较独立，在言行举止等各个方面相对传统和保守，属于循规蹈矩的人。

### 方形包

选择小把手的方形或长方形的手提包，多是没有经历过什么磨难的人，这类包容量比较有限，装饰性的作用更强一些。总的来说，这类人内心比较脆弱和不堪一击，遇到挫折，容易妥协和退让。

### 超大包

喜欢超大型手提包的人，性格多是那种自由自在、无拘无束的，他们很容易与他人建立某种特别的关系，也会很容易就破裂。因为他们的生活态度太散漫，缺乏必要的责任感。

### 休闲包

选择休闲包的人，大多很会享受生活。他们对生活的态度比较随便，不会过分苛刻地要求自己。他们比较积极和乐观，也有一定程度的进取心，能很好地安排工作、学习和生活，做到劳逸结合，在比较轻松惬意的氛围里把属于自己的事情做好，并取得一定的成就。

### 金属包

喜欢金属制手提包的人，多是比较敏感的，能够很快跟上流行的脚步，他们对新鲜事物的接受能力很强。但是这一类型的人，很多时候并不肯轻易付出。

### 民族包

喜欢具有浓郁民族风味提包的人，自主意识比较强，个性突出，有着与他人截然不同的衣着打扮、思维方式等。

### 个性包

个性包，顾名思义就是非常有特点的包。一般选择这种包的人，其性格可能是两个极端：一是个性特别强，特别突出，很有艺术细胞，喜欢我行我素，不被人限制，这类人喜欢标新立异，对什么都充满了好奇，喜欢冒险，具有一定的胆识和魄力，不在意周围人的负面评价；二是完全没有什么个性，也没有什么审美眼光，他们选择这种充满个性的包，只不过是为了要显示自己的与众不同，故意做出一些与其他人迥然有异的选择，以吸引更多的目光罢了。通常来说，这类人拥有非常强的自我表现欲望，虚荣心也比较强。

## *8* 香水散发个人特质

"闻香识女人"，相信大家对于这一说法都不陌生，实际上，在现实生活中，不光女人喜欢用香水，男人中也有不少香水使用者。

每一款香水都有其独特的气味，而每种气味又会给人带来不同的感受和印象。市面上能够买到的香水，每一款都有其主要的适用对象，有的充满诱惑，适用于成熟性感的女性；有的淡雅清新，适合年轻、单纯、活泼的女孩子们使用；有的气味醇厚，能够体现出男性的宽厚魅力；有的是天然果香味，可以调动人的食欲……

你喜欢哪种气味的香水呢？你是否留心过身边的人，都用什么气味的香水？科学研究证明，个人偏好的香水气味在某种意义上意味着一个人的性格取向，反过来，你的性格取向也在潜移默化地影响着你对香水的选择。通过香水气味，真的能够"闻到"一个人独特的气质。

## 檀香香味

选择檀香气味香水的人，通常男性比较多，女性较少。从心理学角度来说，选择这种气味香水的人，性格外向，意志坚强，他们一般心态平和，意志坚强，讲究实际，对工作积极认真，对朋友真诚坦白，是可以信任的对象。此外，动手能力和逻辑思维能力都很强，善于解决问题，非常自信，不迷信人的运气之说，是天生的组织者，能唤起别人的热情。

## 乙醛类香味

选择乙醛类香味香水的人大多感情丰富，极其敏感，容易脱离现实而沉湎于遐想、醉心于浪漫。他们讨厌约束，对自己放任自由，对理性严肃的事物极为反感，其人生哲学是热衷新奇、标新立异。这类人非常情绪化：时而满怀激情，想要一鸣惊人，时而颓废不振，倦于奋斗。起伏不定的情绪使得他们看起来有些神经质：高兴时，看什么都光明灿烂；不开心时，整个世界都是灰暗的，对什么都爱搭不理。

### 东方型香味

选择东方型香水的人大多属于内向的人，不善交际，喜欢离群索居，比较注重内心的宁静和谐，习惯与外界保持一定距离。尽管他们看起来很不合群，但其实心地很善良，即使是在独处时，也丝毫没有高冷的架子，而是能够设身处地地为人着想，所以人缘还算不错。其人生哲学是追求个性自由，给人一种洒脱不羁的感觉。

### 树木香味

与喜欢檀香香味的人相同的是，购买这类香水的人，也以男性居多，女性相对较少，不过不同的是，这类人意志坚强但性格偏内向，在为人处世中，他们往往如履薄冰，生怕惹下麻烦。他们追求情感上的平衡，既不平静又不活跃，善于在不闯入他人禁区的前提下寻求自己的社会地位。其人生哲学是执着于高雅、细腻的完美境界。

### 普通花香

多愁善感偏外向型的人多选择此种香水，以女性居多，也有少量男性喜欢这种气味的香水。这类人很容易适应环境，可以做到随遇而安。生性活泼，容易冲动，但因个性单纯又很容易受到伤害。此类人的性格具有多面性，易给人变幻莫测之感，具体表现为既活泼又文静，既乐观又悲观。

**甜味花香**

多愁善感偏内向型的人比较喜欢此类香水。使用这种香水的人，多为女性，她们做任何事情都十分专注，追求完美，有决断力，是可以委以重任的人选。这类人比较喜欢安定的生活，比较沉默，不善言辞，但很有耐心。此类人有长期目标，善于长远规划，大多有收藏癖好。

**水果香味**

香水的使用者也以女性居多，她们往往积极乐观，豪爽奔放，生气勃勃，此类人属于典型的外向的人。这类人颇有胆略，不畏风险，勇于接受挑战，对新生事物充满兴趣。此外，还有着极强的自尊心，不愿对人低声下气，更不愿久居人下。在待人接物方面直截了当，讨厌拖沓的行为，做事注重效率。

## *9*  巧用饰品识别真实心理

饰品的种类非常多，最常见、人们佩戴最多的当属项链和手串，饰品的材质、样式、颜色千差万别，有色彩鲜艳的各类矿物、石头，也有金银等贵金属，既有珍珠，也有木珠子，有的饰品个性十足，有些则以小巧秀气见长……

一说到饰品，人们往往第一印象会想到女性，诚然女性比男性更喜欢这类漂亮的装饰物，不过饰品可不是女性的专属，如今不少男性也都会佩戴饰品，佛珠、文玩手串、充满阳刚气息的粗犷风项链等，此外比较讲究的男性还会佩戴领带夹、袖口等饰品。

人们为什么要佩戴饰品呢？在原始狩猎时期，人们会把兽牙或兽骨制作成饰品佩戴，用猎物身上的一部分来展现自己的勇猛，或表达保佑平安的寓意。"爱美之心人皆有之"，人类对饰品有一种源自本能的喜爱。

每个人选择饰品的眼光不同、喜好也不同。千万不要以为饰品只能起到装饰作用，实际上饰品还在一定程度上映射着一个人的性格与内心。那么，人们最常佩戴的项链、胸针、手镯、腰链等饰品，其背后有怎样的心理意义呢？

### 手串

手串，顾名思义就是戴在手腕上的饰品，既有用金银等贵金属做成的闭合环状圈，也有用玛瑙、猫眼石、碧玺、菩提、贝壳穿成的串状。

手串可以把手腕衬托得更纤细、更具有美感，由于右手需要从事大量工作，所以人们一般会把手串戴在左手手腕。

心理学研究显示：喜欢带手串或手镯的人，性格大多十分开朗，他们身上有着令人艳羡的活力与朝气，精力十分旺盛。这类人有着十分聪慧的头脑，所以在事业上一般较为顺利。他们对自我的认知相当清晰，知道自己需要什么，想要什么，应该怎样去做才能赢得自己想要的奖赏，并会朝着自己的目标不断努力，所以"心想事成"的概率要比常人高得多。

### 项链

项链是十分常见的颈部装饰品，材质非常多样，有用红绳与小珠子编成的，也有金银或其他金属制品的，有珍珠的，也有钻石的，款式有男有女，风格上也比较多样，既有体积较大璀璨夺目的，也有十分精致朴素的链子。

在现实生活当中，有些人喜欢戴显眼的粗链子，而有些人则更喜欢细链子。从心理学角度来讲，喜欢佩戴不怎么起眼项链的人大多为人谦虚低调，行事比较稳妥，内心也比较平静，所以可以做到泰山崩于前而面不改色；喜欢戴粗重金项链的人大多喜欢招摇和卖弄，生怕别人不知道自己有多么"引人注目"，他们内心自卑敏感，对自我的认同感不强，所以喜欢用这种方式寻找存在感。

### 胸针

总的来说，胸针是一种相对小众的饰品，只有很少一部分比较讲究的人会佩戴胸针。如果你善于观察的话，可以发现一个颇为有趣的现象：戴胸针的人走到哪种正式场合都会戴胸针，而不戴胸针的人似乎永远都不戴胸针。那么，一枚小小的胸针背后究竟隐藏着怎样的心理学秘密呢？

一般来说，喜欢佩戴胸针的人表面看起来永远谦虚有礼，他们十分在意自己的外部形象，也很重视着装的协调搭配，为人处世也相当谨慎，面对重大决策时一般都是三思而后行，内心非常渴望获得众人的关注。

### 腰链

表演者、叛逆少年少女等常常是腰链的佩戴人群，在日常生活中，喜欢戴腰链的人并不多。

实际上，从腰链的佩戴人群中，也多少可以看出其佩戴者的性格心理。这类人性格上比较自我，且有叛逆倾向，喜欢标新立异，喜欢用独到的方式表现出自己的与众不同，且不怎么能够听得进旁人的批评与劝告，他们愤世嫉俗，不屑于被主流大众认同。他们本性并不坏，也并非一定是混混、小痞子，只是表达情绪和感受的方式比较与众不同而已。

## *10* 戒指：戴在手上的心理指南针

在现代社会当中，戒指被赋予了更多"爱情""婚姻"的含义，如今不管是订婚还是结婚，买戒指、戴戒指似乎已经成了一种约定俗成的做法。作为一种首饰，戒指显然与其他饰品不同，戒指所代表的内在涵义更加丰富、更加私人化。

那么，你知道戒指这种饰品是什么时候诞生的吗？据相关资料考证，戒指诞生于三千多年前，最初的原型是埃及统治者的一枚可以戴在手上的权贵印章。一开始，它只是为了"盖章"便捷，但经过了漫长的历史发展之后，它慢慢演变成了一种饰品，而且是一种意义更加非常特殊的饰品。

戒指的种类和样式很多，除此之外，关于其佩戴方式也有专门的说法，将戒指佩戴在不同的手指上有着完全不同的含义。通过观察他人佩戴戒指的位置，我们可以轻轻松松猜透对方不为人知的性格秘密。

### 小指戴戒指

按照人们约定俗成的看法,戴在小指上的戒指又被称为"尾戒"，样式大多比较简洁，较少有钻石等隆重装饰，一般有表示"单身"或者独身一辈子的意思，戴尾戒的人内心往往孤独而又悲观。

如戒指戴在右手小指上的人，虽然也属于内向悲观的性格，但他们还未放弃自我救赎，他们渴望开朗与阳光的生活，虽然做事情有些妄自菲薄，但只要有亲朋好友的鼓励和支持，他们就能够找到自信，或许正是出于对阳光生活的渴望，他们更愿意和那些性格开朗活泼的人交朋友。

戴在左手小指中，则表示其性格十分内向自卑，且大多是破罐子破摔的心态，即便有好的转机他们也会选择自愿放弃，并以此作为流放自己或惩罚自己的手段。

**无名指戴戒指**

如一个人无名指上戴了戒指，那么基本可以判断对方是非单身状态，要么已经结婚组建家庭，要么已经有了比较稳定的恋爱对象，距离结婚已经很近了。戒指戴在无名指上有"结婚"的意思。

从心理学角度来讲，喜欢把戒指戴在左手无名指的人，其性格多随和，遇事不太在意得失，不管是对于金钱还是物质都没有太大野心和欲望，他们十分善解人意，还很温柔体贴，是人们眼中"贤妻""好丈夫"的典范。

戴于右手无名指的人，做事比较有主见，很可能扮演着家庭中"决策者"的角色，家庭观念比较重，但同时又比较有控制欲，所以常常掌握着家庭的财政大权，在夫妻的日常相处中也属于比较强势的一方。

**中指戴戒指**

如果看到对方的中指上戴有戒指，那么毫无疑问对方正在经历一段美好的恋情。戒指佩戴在中指上有"热恋"之意。

如戴于左手中指，则表明其是一个非常重视仪容、仪表的人，他们在公开场合总是衣着得体的样子，姿态高雅，待人和善。这类人非常重义气，为了朋友两肋插刀简直是家常便饭，所以人缘很好，且是朋友圈里的中心人物。

如戴于右手中指，那么其必定是一个典型的理想主义者，为了实现自己的理想，他们愿意付出任何努力，哪怕是没有任何报酬依然能够充满激情地完成工作。这类人大多有着强烈的使命感，对人对事也颇有一些独到见解，不过他们不太关心细节，对品位情调等也毫不在意。

**食指戴戒指**

戒指戴在左手食指上的人，一般相当勤奋，这类人做什么都特别追求效率、非常务实，只要是没用的东西就会一律舍弃，不管是浮华的衣服，还是时髦的鞋子统统都被划入"废物"行列，与锦衣华服相比，他们更喜欢那些坚固耐用、款式简洁优雅的打扮。

戒指戴在右手食指上的人，其性格大多好斗，表现在生活和工作中则相当好强、善于竞争，或许正是因为这种性格，所以他们不管是做生意还是在日常工作里往往会表现出超乎常人的能力，他们只在乎能否实现自己的目标，对于周围的批评和指责一般都不甚在意。

# 第八章 行为收录册：探究行为背后的真实心理

## *1* 起床：卧室里的性格密码

人在刚刚醒来的时候，往往意识还不是很清晰，很多动作和行为是在无意识或惯性的作用下做出来的，也就是说，人刚睡醒的时候最不容易隐藏其真实心理活动。有心理学家曾专门指出，人在半睡半醒的状态下更容易流露出真实性情，所以刚刚起床的状态也被称为"卧室里的性格密码"。

中国人讲究"日出而作、日落而息"的作息规律，排除某些从事特殊职业的人外，基本上绝大部分人是早晨起床。

不过同样是起床，每个人的反应也是非常不一样的。有些人到时候就会自动醒来，然后主动起床，而有些人则是"赖床症"晚期患者，家人喊好几次也不见得会起床，还有一些人起床时明显会有抗拒的负面情绪，甚至会为此发脾气……

在这些五花八门的起床状态中，你属于哪一种呢？从心理学角度来看，这些形形色色的起床形态背后又隐藏着怎样的性格秘密呢？

### 起床时的状态

一醒就起床：有些人躺不住，只要他们一醒来，就会立即起床，拦都拦不住。

如果说在起床这件事情上也要评出一个标兵或优秀代表，那么非此类人莫属，他们的生活十分规律，每天在固定的时间醒来，一醒来就不急不慢地起床，从不会赖在床上久久不起。

从性格上来说，他们的自控能力和自律意识相当强大，在遭遇困境时也毫不气馁，越是难以做到的事情反而越能够激起他们的"挑战"意识，属于"遇强则强"的典型，或许正是因为这一点，所以他们在关键时刻爆发出来的能量总是令人不敢想象。

醒了再磨蹭一会：明明已经醒了，几乎没有什么睡意了，可还是"很不想起床啊"，于是总是要再缓冲一下，少则再眯个三五分钟，多则眯上十几二十分钟，在日常生活中喜欢这种起床方式的人不在少数。

从心理学角度来讲，"不愿起床"的潜台词是不想面对新的工作任务和挑战，不想开始新的一天。他们性格相对怯弱，在面对挫折和困难时总是忍不住想退缩，基本上抱着"当一天和尚撞一天钟"的工作理念。如唯有休息日或假期才会如此，那么基本可以断定对方是一个喜欢享受生活的人；如不管工作日还是休息日起床时全都如此磨磨蹭蹭，那么其在工作和生活中则属于拖拖拉拉的人。

### 起床后的状态

起床后安静喝水：这类人刚起床时还有些迷糊，眼睛也是半睁半闭，思维也会比平时迟钝半分，这时他们喜欢在起床后安安静静地待上一小会儿，或是比较迟缓地去洗漱，或坐在椅子上慢慢喝杯水，抑或只是稍微发一两分钟的呆。

这种起床状态的人，性格都比较好强且独立，只要是自己能够完成的事情绝不求助于人，他们不愿意打扰别人，如无意给旁人带来困扰会不可控制地愧疚很久。此外，他们懂得为别人考虑，也比较尊重他人的隐私。

起床后蹦蹦跳跳：他们刚刚起床，状态就很好，仿佛瞬间打了鸡血一样，起床片刻就活力四射，思维清醒，行动活泼，可以直接充满力量地去参加各种晨练运动。

从性格上看，他们天性乐观，不喜欢念旧，开朗有自信心，即便是面对不乐观的未知情况依旧会大胆往前看，在生活习惯上很可能比较喜爱各类体育运动，属于比较喜欢结交朋友的一类人。

起床后鸡飞狗跳：他们起床后的状态简直是一场"战争"，一边因为寻找衣服鞋袜而咒骂发脾气，一边急匆匆地跑去洗漱，由于他们总是急匆匆的，所以常常"越忙越乱""越乱越忙"，一会打翻杯子，一会毛巾掉在了地上……

这类人的起床状态相当喜感，不了解真相的人会把乱糟糟的起床现场直接视为"入室抢劫"，因为实在是太乱了，到处都被折腾得乱七八糟，皱巴的床铺，凌乱的衣柜，堆了不少瓶瓶罐罐的卫生间。一般来说，经常以这种状态起床的人大多责任心强，工作繁忙，精神上比较劳碌。

## *2* 通过敲门看真实心理

进领导办公室要敲门,在家里进入其他家庭成员的房间要敲门,去朋友家做客要敲门,进入正在开会的会议室要敲门,去其他办公室找人要敲门……在日常生活中,有太多需要敲门的场景。

敲门是现代社交中的最基本礼仪之一,不敲门、不经过对方同意就直接推门而入是一种非常粗鲁、失礼、缺乏教养的行为。可以毫不夸张地说,每个人从很小的时候,就从长辈的教导中学习敲门。那么,你留心过他人敲门时的情景吗? 你能辨别出他们敲门的轻重缓急吗?

心理学研究表明,内心情绪的强弱基本决定着一个人各种动作的轻重缓急。当人在内心比较急切时,敲门的动作也会不由自主地加重、加快。也就是说,敲门声音的轻重缓急反映着敲门者的内心活动,言语可以撒谎、动作可以伪装,但敲门的声音却相当诚实,所以不妨借助敲门声音来间接认识周围人的性格。

### 敲门毫无规律

有些人敲门的声音丝毫没有规律可言,零零散散,有时候一连敲好多声,有时候又会变成有一下没一下。

从心理学角度来说,这类人性格通常会比较火暴,做事一般是随性而为,着急起来甚至可以用手掌把对方的门敲得"啪啪啪"直响。如果间或有踹门或砸门等动作,则大多表明来者不善,他们很可能心中充满仇视、泄愤等情绪。

### 敲门时间较短

有些人敲门时间很短，常常会让人疑惑刚才是不是真的有人在敲门。如果敲门时间短，但隔一小会敲几下，则表示其心思缜密，遇事考虑比较周全，不过由于思虑过多，所以在关键时刻往往很难果断地进行抉择。

敲门时间太短的人，一般都比较没有耐心，他们做事大多是三分钟热度，只要稍微受挫或受到外界的阻挠或干扰，就会顿时生出放弃之心。

### 敲门时间较长

有些人敲门的时间很长，最少也要敲三声，甚至五声。从心理学角度来说，敲门时间的长短与其耐心有着直接关系。

敲门时间长的人一般都属于性格相当执着的人，意志力非常坚定，只要达不到预期的目的，就会锲而不舍地一直坚持下去。不过这类人比常人更容易钻牛角尖，大多听不进旁人的意见和劝告，他们干什么都是一根筋，不撞上南墙绝不会回头。

### 敲门声很均匀

敲门节奏可以反应出一个人的修养问题，一般有礼貌、有修养的人在敲门时都是均匀地敲上两三声，节奏十分鲜明。

用这种方式敲门的人主要有以下两种心理动机：一是为了表达

自己内心的尊敬或有事情需要恳求对方帮忙，因有求于人所以会谨守礼仪，不敢随便越矩；二是表明该人是一个擅长自律和自我控制的人，其修养十分良好。

### 敲门声较细小

细小的敲门声可以反映出一个人的性格，如果其每次敲门都是细若蚊蝇的声音，那么基本上可以断定他是一个内向型的人。

这类人内心不自信，所以做事十分小心、谨慎，以至于给人一种畏畏缩缩、拘谨怯懦的感觉。表现在社交活动中则是很少与人主动结交，待人待事都比较消极被动。除此以外，细小的敲门声还有试探之意，比如在不确定门内是否有人的情况下，小声敲一下看是否有反应等，一般用细小敲门声进行试探的人大多是想趁人不在做坏事，所以才会如此小心谨慎。

### 敲门声较响亮

有些人敲门的声音相当响亮，既可以让人清楚地听到声音，又不至于声音太大而惊扰他人。

从心理学角度来讲，敲门响亮的人一般非常自信，性格爽朗而坦荡，待人真诚没什么心机，他们拥有十分强大的内心力量，心思大多会直接写在脸上，不高兴就是不高兴，高兴就是高兴，从不会表面一套背后一套，与这类人结交不必耍心眼，也不用虚与委蛇，比较轻松和省心。

## *3* 脱鞋行为透露人的真实性格

到朋友、领导、同学、客户家里拜访或做客时，为了避免把地板踩脏，给他人带来不必要的麻烦，绝大部分人会一进门就脱鞋、换鞋。这似乎是再平常不过的一件事情，因此绝大多数人会忽略掉，其实一个人脱鞋后的行为可是隐藏着不少信息哦！

你留心过其他人的脱鞋后的行为吗？对于这一点，相信负责家务的已婚女性们更有发言权，有些人换鞋，自己的鞋子随便乱放乱扔，有些则是会整整齐齐地摆好，不同的人摆放鞋子的方向也不同，有些人鞋尖朝外，有些人鞋跟朝外，还有一些人脱完鞋就做"甩手掌柜"，等着其他人协助来摆放鞋子。

为什么大家在对待被脱下来的鞋子会有这么大的不同呢？实际上，这一小细节与人的性格是紧密联系在一起的，所谓"江山易改，本性难移"，即便再如何教育，脱鞋的小习惯也是难以完全改变的，因为它正是性格的一部分。也正是因为如此，所以我们可以通过一个人脱鞋后的小动作和摆鞋情况等，来判断他们真实的性格。

**鞋尖朝里整齐摆好**

这类人摆放鞋子，永远都是鞋尖朝里、鞋跟朝外的摆放方式。

从心理学角度来说，他们办事周密，不管是工作还是生活都会围着自我欲望的中心转，不懂得溜须拍马之道，也不是很擅长玩心计，其精神力相当旺盛，认真细致的工作作风，兢兢业业的工作态度，使得他们在职场当中颇受赏识，再加上其超越自我、超越极限的个人追求，所以在事业上大多如鱼得水。

### 鞋尖朝外整齐摆好

有些人在摆放鞋子的时候，是固定让鞋尖朝外，鞋跟朝里。

从心理学角度来说，在脱鞋后喜欢把鞋子头部朝外的人，一般属于"先苦后乐"的典型，在性格上有些完美主义倾向，他们对于生活和工作当中的各种规范、规则、条条框框都相当重视，基本不会离经叛道，做什么都喜欢严格按照规矩来。在情感上，他们属于"禁欲"型，表面看起来永远是一副刀枪不入、油盐不进的样子，似乎太过于冷情，但实际上他们只是外冷内热而已。由于不善于表达自己的情感，所以只好一直压在心里当作秘密来守护。这类人大多思维缜密，"有备无患"是他们的座右铭，不管遇到什么情况都会尽可能提前准备，以免出现突发情况时不好应对。

### 胡乱脱鞋后不摆放

有些人的鞋子永远都是胡乱地扔在某一处，而且还常常两只不在一起，东一只，西一只，门口一只，沙发旁边一只，他们进门脱鞋时，根本就没有摆放鞋子的意识，而是将鞋子丢在任意地方，等穿的时候再去四处寻找。

从心理学角度来说，胡乱脱鞋而又没有摆放意识的人，性格有点小冲动，大多追求自由自在的生活，很少会顾忌旁人的感受，为人比较自我。这类人的心中几乎没有任何规则意识，他们创新能力很强，想象力丰富，但却很容易做出一些有违规矩、挑战权威的事情来，如能将这些用在好的方面则可以成为"修成正果的孙悟空"，如一直朝着离经叛道的道路狂奔而去，那么其结果就不言而喻了。

### 需他人帮助摆鞋子

有些人几乎从没有摆放鞋子的习惯，他们往往等着家人迎过来，帮助他们摆放好脱掉的鞋子。

通过心理学分析，可以基本将这种行为的动机分为两种情况：第一种可能，即其性格早已经被周围人的宠爱"惯坏"，做事十分任性，不喜欢听从长辈的教导，叛逆心强，与家人的关系可能不怎么协调；第二种，如果是成年男性，则属于重度"大男子主义"，尽管他们其中不乏有责任感的好男人，但家庭思维比较传统，坚定地认为"男人就该外出赚钱，女人就该在家服侍好丈夫"，所以自动将摆鞋子的事纳入到妻子的家务范畴，不会自己动手。

## 4  睡前行为展示个性

你每天睡觉之前都在做些什么呢？是看电视剧，还是玩游戏？是看网络小说，还是去酒吧里玩？是开着台灯读一会书，还是和好朋友小酌几口……在现实生活中，每个人的睡前习惯都不同。那么为什么会出现这种差异呢？其实这与人的想法有直接的关系，心理学研究发现，人们的睡前行为不同主要由其性格决定的。

在白天的社交活动中，正像著名心理学大师荣格所说的那样，每个人戴着一个"人格面具"，都会竭尽所能地塑造一个更好的形象，然后把最真实的部分深深地隐藏起来，压抑在内心的最深处。可是，人不可能一天 24 小时都时刻处在这种压抑状态下，不可能时时刻刻都戴着面具，我们同样需要释放自我，而临睡前就正好是这样的一个时间段。

医学研究发现，在临睡前的短短时刻里，为了更好地休息，人往往会自然而然地卸下伪装，恢复其最自我的生活方式，因此睡前行为被不少心理学家视为一面"心镜"。因此，我们完全可以透过形形色色的睡前行为，洞悉他人最真实的内心世界。

### 睡前看电视

有些人喜欢在睡前看电视，这类人大多爱面子，内心比较空虚，在工作上，有足够的毅力，也愿意付出足够多的努力，他们希望能一鸣惊人，所以总是积极表现，以便获得大家的鼓励和羡慕。

在别人眼里，他们可能常常被认为是工作狂。虽然在工作上或是自我期望上，有着强烈的优越感，但当一个人时，常有种说不出的空虚和寂寞，多彩的电视节目正好可以排遣空虚。

**睡前看手机**

相信至少超过一半的年轻人，会在睡觉前玩手机，而且直到困了必须睡为止。可能是用手机看视频，也可能是逛论坛，或者只是在 QQ 或微信群里聊天，翻看无聊的网页等。

实际上，他们自己也认为手机没有什么好玩的，但总是习惯性地一玩就到了很晚，于是就成了习惯性熬夜。从心理学角度来说，这类人自制力比较差，缺乏坚强的意志力，做事情常常是随波逐流，顺其自然，没有太多的规划和计划，在工作当中有拖延症的倾向，内心既空虚又焦虑，因此试图通过手机来安抚自己躁动的内心。

**睡前看书**

有一部分人，喜欢在睡觉前看看书，在他们看来，书能让人安静下来，可以帮助他们思考过去的一天，同时还能增加人的智慧。

睡前爱看书的人多有优雅而内敛的性格，他们对知识有很强的求知欲，不怕孤单寂寞，喜欢享受生活，生性乐观，即便是身处困境，也可以苦中作乐。从性格上来说，他们温和而细腻，对于金钱、名利等身外之物比较淡泊，反而在精神方面比较有追求，内心情感丰富又不乏理智，属于有知识、有思想、有涵养、有品位的一类人。

### 睡前泡吧

喜欢睡前去泡一会酒吧的人心情起伏落差颇大，喜怒哀乐皆鲜明。不过为了让大家看到他们的成熟内敛，不管在工作还是生活中都会悄悄地隐藏自己的真实情绪，情绪积压必然会增加心理压力，所以他们喜欢到酒吧里宣泄情绪，从而寻求心理上的平衡。

对于爱情，他们有着两极化的原则：他们需要固定的关系，来让心情有所依恋，但也不排斥一夜情。在他们看来。短暂的激情是一种无法拒绝的情绪出口，但他们仍会交往一个稳定并可谈婚论嫁的异性。所以当你爱上这种人时一定要有心理准备，他们属于跟着心情和感觉走的"情绪派"，与他们谈感情很容易受伤。

### 睡前吃宵夜

睡前总是忍不住吃宵夜的人，往往有颗脆弱而敏感的心，他们常会隐藏、压抑自己的真实情绪，这些无法宣泄出来的情绪会让心理压力过大，长此以往他们就形成了吃东西减压的习惯。由于爱吃宵夜，这类人体型多丰腴，在感情方面，他们希望伴侣能温柔地倾听自己的委屈和郁闷，并贴心地给予心理安慰。

## *5* 送礼背后的心理意图

中华民族自古以来就是礼仪之邦，对于中国人来说，送礼是日常生活中必不可少的社交活动。不同的节日、不同的由头，人们也会选择不同的东西作为礼物，比如端午节送粽子、中秋要送月饼、喜添麟儿则送红鸡蛋等。一份精心选择的礼物不仅可以表达我们的敬意与祝福，还可以联系增进与他人之间的感情和关系。

虽然不同节日所送的礼物不同，但实际上每个人挑选礼物的眼光却是固定的，其礼物风格也是固定的，而透过这些正好可以窥视到其想极力隐藏的性格密码。

不过，大家对于送礼这件事情的关注度主要集中在"怎样送礼""送什么礼最恰当"等问题上，却很少会注意到礼品背后所暗含的真实心理意图。那么，不同类型和风格的礼物背后都有哪些心理秘密呢？

### 送豪华型礼物

送礼确实是一个大难题，不过在某些人眼中这个结论并不成立，他们选礼物的标准相当简单，什么贵买什么，什么好买什么，什么看起来高档买什么，这样的礼物又怎么会不招人喜欢呢？从心理学角度来讲，喜欢送豪华礼物的人大多爱面子，十分在意自己在旁人心目中的形象，他们要么是日进斗金的"土豪"，在礼物消费上相当豪爽，花钱痛快，比较想得开，要么就是打肿脸充胖子的"伪土豪"，这类人缺乏对自我的认同感，比较虚荣，似乎唯有通过这种"假装我很大款"的送礼行为，才能在别人的夸赞与艳羡中找到存在感。

### 送务实型礼物

有些人选礼物非常实在，他们不在乎包装好不好看，只在乎东西好不好，数量够不够，是不是有实用性。这类人选礼物的标准相当简洁：不实用的礼物不送，只要实用就狠送。比如一下子送几箱水果、几箱海鲜等。这种送礼方式总会给人一种"傻乎乎"可爱的感觉，实际上他们的性格也确实比较讨喜，朴实善良，脚踏实地，虽然缺少浪漫、幽默与生活情趣，但却时刻不忘自己的本分，从不做脱离实际的白日梦，这种性格或许有些呆板、憨厚，但务实的性情让他们看起来相当可靠，所以人缘一般挺好。

### 送大众型礼物

"送礼就送脑白金""旺旺大礼包"……这些经常出现在广告中的礼品都属于大众礼物，喜欢跟风送大众类礼物的人，大多没有主见，也没有什么自己的想法，而是自然而然地跟着大众走。这类人缺乏自我，但待人温和，虽没有突出的令人一眼不忘的特质，但其淡泊名利、心境平和的生活态度却十分值得肯定。

### 送特产当礼物

尽管市面上可以选择的礼物不少，但真到了送礼的关头我们却常常不知道选什么好，有些人在送礼方面比较愿意多花心思，常常会将比较有特色的特产来作为赠送亲友的礼物。从心理学角度来说，喜欢送特产礼物的人大多有几分个性，他们不愿意随波逐流，比较有自我意识，希望让周围人认同自己。性格大多自信而有才，心思细腻，总想显示出自己的与众不同，属于生活里比较追求情调追求自我的小资群体。

**送个性化礼物**

有些人不管给谁选礼物都是选择极具个性化的礼物。如果是男性，那么其所谓的充满个性化的礼物最后很可能会演变成"惊吓"，在某论坛"收到的最个性化的礼物"话题中，有女性网友竟收到过军用望远镜的个性定情信物，由此可见个性礼物选不对很可能会让人啼笑皆非。经常选个性礼物的人大多喜欢猎奇，表现欲强，对新鲜事物有很强的好奇心，做事自信大胆，性格也多有趣搞怪，他们对生活永远充满热情，且永远都在生活和工作中不断地寻找新的兴奋点。

# 6 刷牙动作也暗藏心理玄机

你知道正确的刷牙动作是怎样的吗？你是否能够按照最标准的方法刷牙？你留心过其他人的刷牙动作吗？他们的刷牙动作是不是正确、标准呢？

为了口腔健康，不管是老人还是孩子，不管是男人还是女人，都要刷牙。在绝大多数人眼中，洗脸刷牙实在是一件再小再普通不过的事情，但殊不知刷牙动作当中也暗藏着心理玄机。

心理学研究发现，人在刷牙时的动作往往是无意识的，这也就意味着最接近自然状态，因此通过刷牙动作看穿一个人的性格并非不可能。

诚然，我们在未成年时，就曾学习过刷牙的正确方法，但事实上，绝大多数人的刷牙动作都是不标准、不正确的，而是在学习的基础上演化出的带有浓厚个人特征的刷牙动作。通过一个人的刷牙动作可以解读一个人的性格密码，可是，怎样才能通过刷牙动作看出性格呢？什么样的刷牙动作才会具备心理学意义？

**刷牙时间短**

有些人的刷牙时间很短，甚至不到一分钟，这种人大多是急性子。在工作和生活中，他们时间观念很强，很少会出现迟到、延误等状况，他们有着强悍的时间管理能力，知道自己在什么时候最应该做什么，有全局观念，也分得清主次，即便遇到什么棘手的事情也能迅速做出补救措施，属于工作能力相当出众的一类人。

**刷牙时间长**

刷牙时间的长短与一个人的耐力、性子有着直接联系。一般来说，刷牙时间长的人更有耐心，在做事的时候精力更集中，态度也更认真。这类人大多属于认真稳妥型，不管做什么事情他们都相当细致，但也常常因此而忽视了效率，有时候会主次不分，眉毛胡子一把抓，什么事都要面面俱到，结果反倒是捡了芝麻丢了西瓜。

### 上下刷牙

这种刷牙方式可以有效清除牙缝中的污物，对于口腔健康非常有意义。从心理学角度来讲，习惯上下刷牙的人大多非常重视自己的形象，在成长的过程中也树立了正确积极的世界观、人生观，不管是在生活还是学习、工作中都能养成良好的个人习惯，与周围人的关系也比较融洽。这类人通常没什么心机，他们善于交际，乐观开朗，而且值得信赖，在工作当中喜欢不受限制，在宽松和活跃的工作氛围中更容易提高工作效率，挖掘工作潜能。

### 左右刷牙

从严格意义上来说，这种刷牙方式是不正确的，但即便明确知道这一点，依然有相当多的一批人习惯左右来回刷牙。既然明知道是错的，为什么还要坚持错误的习惯呢？左右刷牙行为的背后又有着怎样的心理原因呢？一般来说，这类人更喜欢与人争辩，他们内心叛逆，常常与他人唱反调，在青春期很可能与父母或周围的同学等有过非常严重的冲突，这种心理上的叛逆表现在日常生活中则是非常热衷于与人争辩鸡毛蒜皮的小事，且得罪人也在所不惜。

### 从里往外刷

实践证明，往往那些不在意外表的人更喜欢这种由里而外的刷牙方式，这类人心思深沉，在精神上有自己的爱好和追求。与外表相比他们更注重内心与精神上的追求，在生活中他们大多不会在衣着、外表等方面花费太多精力，不贪慕虚荣，待人也比较和善友好。不过因为他们不在意旁人的眼光，所以在穿着方面大多相当随意，有时候会被人贴上不讲究、邋遢等标签，实际上他们只是不拘小节罢了。

### 从外往里刷

有心理学研究结果显示：刷牙时，从外面的门牙开始往里刷的人更适合从事服务行业。从性格上来说，他们比常人要自恋得多，所以非常在乎自己在他人心目中的形象，在意旁人对他的评价，表现在生活中则是特别喜欢照镜子，对自己的着装方面舍得下本钱和功夫。他们渴望成为人群当中的焦点，也愿意为此而付出汗水与努力。

## 7  挤牙膏表象下的真性情

刷牙的时候肯定要挤牙膏，不过有意思的是，像挤牙膏这样无比简单容易的小动作，不同的人也会有不同的做法，有些人喜欢从中间开始挤牙膏，有些人习惯从管口开始挤，还有一些人会选择从管尾整整齐齐地往外挤，还有的人专门从网上买了用来挤牙膏的"神器"，从此再也不用辛辛苦苦手动挤牙膏……

你是怎样挤牙膏的呢？你身边的家人又是怎样挤牙膏的呢？千万不要小看不起眼的挤牙膏小动作，事实上，通过挤牙膏的生活小细节完全可以看出一个人的性格。虽然只是挤牙膏这样一个小动作，但通过一定的心理学知识也可以分析出其隐藏在表象下的真性情。

### 用挤牙膏神器

网上有专门用来挤牙膏的"小工具"，而且有非常多的人使用这种小工具。从心理学角度来说，使用这种辅助工具挤牙膏的人，大多性格非常活泼，他们喜欢尝试新东西、新物品，而且基本上是网购达人。这类人比较在意小细节，更关注生活品位，喜欢各种各样有意思的小件物品。

### 没有规律

他们没有固定的挤牙膏习惯，拿起来想从哪里挤就从哪里挤，有时从中间挤，有时从后面挤，有时从前面挤，想怎么挤就怎么挤，挤牙膏完全是随性而为，根本没有特定的偏好，也没什么突出的特色可抓。从心理学角度来讲，喜欢这样挤牙膏的人，个性随意灵活，不会因为细节苛责自己或他人；有时心血来潮，充满豪情壮志，会为自己订一番宏伟规划，但通常坚持不下来，对自己要求不严格，会随环境或周围人的影响而游离不定。

### 从管尾开始挤

有些人喜欢从管尾开始挤牙膏，每次挤过后，牙膏管的形状总是前面鼓鼓的，后面扁扁的。喜欢从牙膏管底部逐渐往上挤的这类人，往往性格上有板有眼、思维缜密，做事情条理清晰、耐心细致、程序到位。由于他们始终知道牙膏还能用多久，所以总是早早准备好新牙膏。这种人不喜欢冒险，喜欢安定的生活。他们在生活和工作中一般都很谨慎小心，有目标，会朝着自己既定的目标前进。

### 从管口开始挤

管口是牙膏的出口，也是最接近我们完成挤牙膏目标的地方，有些人喜欢从管口处开始挤牙膏，管口挤不出来了，就在中间的地方压一下，然后再从管口开始挤。

喜欢这样挤牙膏的人，性子比较着急，不考虑太多，急于马上把牙膏挤出来，做事情也常常是急于求成，不过心急吃不了热豆腐，当管口处没牙膏时，怎么挤都是浪费时间，反倒不如先把准备工作做好。他们没有规划，生活比较随性，总是走一步算一步，心里老是抱着车到山前必有路的信念，不会去谋划未来，也不知道自己的牙膏还能用多久，性情比较豁达，生活充满不确定性。

### 从管中间挤

拿牙膏的时候，自然是拿到中间位置最舒适，从中间挤牙膏省时省力，与从管底开始挤相比，显然要省事得多。喜欢从牙膏中间开始挤的人不重视未来，只关心眼前，属于及时行乐的一类人。他们凡事喜欢按照自己最舒适的方式来。挤牙膏从最顺手的中间来挤，其他事情也是如此，在生活上非常会享受。在感情方面，也是不能尽力维持长久稳定的关系。或许正是因为追求享受，所以他们很少会有固定大金额存款，在投资上比较喜欢股票、债券，或其他长期投资。

## *8* 选座位暴露你的心理

在偌大的会议室开会时，你会怎样选择座位，是选择离领导近的前排座位，还是选择离领导们比较远的靠后座位？参加培训或考试，宽敞的教室里，你会怎样选择座位，是紧挨着过道的座位，还是不太方便进出的角落座位？外出就餐时，你会怎样选择座位，是靠窗的座位还是靠墙的座位……

现实生活当中，选座位是一件非常普通的事情，不管是看电影，坐大巴车，买火车票、飞机票，还是买演唱会等表演节目类的门票，我们往往都需要选座位。为什么同样是选择座位，不同的人做出的选择却是有差异的呢？心理学实验表明，一个人在选择座位上的偏好与其性格息息相关。

哪里有选择，哪里就有偏好，自由选座是一个非常易于观察的举动。我们一定要多注意观察他人的选座情况，这将十分有利于我们了解对方的性格以及处事方式等，可以为社交活动提供必要的参考信息。

**爱坐角落**

有一些人非常喜欢角落里的座位，不管是开会、培训，还是外出看电影，只要角落里有位置，他们就会毫不犹豫地选择坐在角落里。

通常来说，角落里的座位不容易引人注意，既不会被主席台的人直视，也不容易被周围的人察觉，属于一个比较巧妙的"死角"。从心理学角度来说，喜欢坐在不起眼角落位置的人大多性格偏内敛，他们要么是很有城府的一类人，情绪不外露，也很少会有比较明显的情绪波动，他们眼光如炬、悄无声息地蛰伏在暗处，观察周围人的一举一动，大脑在快速思考着想要谋划的事情；要么就是极度自卑、羞怯，不愿意出现在大众的视野中。如果是前一种人，一旦在商场上遇到，就要务必谨慎小心了，否则很容易被这类"腹黑"的人拉入不知名的"局"里，甚至不小心被算计。

**爱坐后排**

俗话说"天高皇帝远",后排的座位远离主席台的中心视线,即便是睡觉、传纸条、偷偷玩手机、看闲书、窃窃私语也比较不容易被发现。实事求是地讲,坐在后排有很多看得见、摸得到的好处,与前排位置相比比较方便搞小动作。

从心理学角度来说,喜欢坐在后排位置的人,很少会把精力集中在一件事情上,既缺乏专注又没有什么耐力和意志力,性格多少有些叛逆,容易被周围的事情吸引,遇事常常是三分钟热度,不过这并不是说他们一无是处,这类人头脑灵活,观察力超群,十分善于创新和临时变通,只要用对地方,同样可以取得一番成绩。

**爱坐前排**

有些特别喜欢坐在前排的家伙,他们进入场地的时间或早或晚,但一进门就会毫不犹豫地直奔第一排而去。

从心理学角度来说,喜欢坐前排的人性格自信、开朗、积极向上,学习非常积极,可能他们不是全场最优秀、最出色的人,但端正的态度,可以帮助他们在不断的努力和成长当中变得更优秀。这类人有着强大的求知欲与好奇心,喜欢接触新事物,一般都有明确具体的目标和理想,且愿意为此承担压力,换句话说,他们比其他人更容易获得成功。

### 爱坐中间

喜欢坐在中间位置的人其性格也偏于大众化，属于凡事随大流的典型，对所在的集体有着较强的依赖感和归属感，虽然有时候他们也会有自己的独特看法或想法，不过他们绝对不会因此而干出头的事情。

从心理学角度来说，这类人性格沉稳，办事讲究安全第一，待人非常和善，也比较合群，人缘通常不错，比较适合从事群体协作类工作，不过创新能力有点欠缺，没有什么独立主见，所以如果把他们放在员工位置，他们绝对是努力工作的大多数，不过其从众的性格使得他们缺少独立的能力，很难担当大任、独当一面，所以没有什么特别的领导才能。

## 9  教你看懂等电梯者的心理

如今，城市里的办公大厦基本上都是高层建筑，也基本上都配备了直接上下的载人电梯，以方便大家到不同的楼层。对于相当一部分职场人士来说，等电梯可谓是每天上班、下班、外出必做的事情之一。有时候等电梯的只有你一个人，但绝大多数情况下，在办公人员相对集中的办公大楼里，同时等电梯的常常还有其他人。

一起等电梯时，旁边的人可能是我们熟悉的、认识的，也可能是完全陌生的、一次也没有见过的。与其他人同在电梯口附近等电梯，这实在不是一件令人心理自在的事情。

如果你注意观察，很容易发现每个人在等电梯时的行为和小动作是不一样的，有些会低头玩手机，把身边的人都忽视、屏蔽，当其他人都不存在，有些人则会盯着电梯的显示屏看，观察电梯走到几层了，在哪一层停住了，还有一些人会走来走去……总的来说，等电梯的时候，几乎没有人会直挺挺的站立干等，而是各自有各自的站立姿势。千万不要忽视等电梯时的动作和姿势，因为它很可能正是你此时思想状态的"告密者"。

心理学研究发现，在等电梯的比较短暂的时间里，人们很难专门空出时间来做些什么，所以只能百无聊赖地等待，人在这时候的精神状态是最为真实的，其思维大多处在一个放空的状态，因此也更容易看出一些心理上的蛛丝马迹。你想知道等电梯的背后有哪些不为人知的心理学秘密吗？不妨看看接下来的等电梯姿势心理大揭秘。

**环视或看天**

在等电梯的时候，有些人非常喜欢环视四周，观察周围的人或物，或者直接仰望天花板或眼前比较高的地方。

从心理学角度来说，喜欢环顾四周的人，一般都有很强的戒备心，他们内心充满不安全感，为了确定周围没有威胁，让自己心安，他们只要是在有他人的环境中，就会不自觉地环顾四周，观察周围的情况以防不测。喜欢看天花板或高处的人，一般城府较深，对钱和权势等欲望较强。在社交活动中，他们不怎么活跃，也不爱频繁地四处走动，在他们看来，朋友不用多，有几个真心相待的"铁杆"就足够了。与朋友数量的多少相比，他们更关注朋友的质量，如双方没有半点相互吸引的"磁场"，反倒不如不结交。

**踱步或跺脚**

有些人在等电梯的时候尤其喜欢用下肢做小动作，比如原地踏步或跺脚，或者在电梯附近走来走去等。

从心理学角度来说，经常用这种方式等电梯的人其性格多比较敏感，性子稍微有点小急躁，甚至有点神经质，遇到麻烦事或突发情况比较沉不住气。喜欢以这种方式等电梯的人内心情感十分丰富，感性大于理性，或多或少会有一些艺术方面的才华或天赋等。

**注视楼层数**

电梯在运行时会显示楼层数的变化，有些人等电梯时没有什么特别的姿势，只是很正常地站立，然后眼睛一直紧盯在楼层数字上。

从心理学角度来说，喜欢这种方式的人，看起来比较沉默，性格大多属于内敛型，他们不容易受外界环境影响，有主见，虽内向却心地善良，待人也相当真诚，不过他们在社交方面却谈不上擅长，属于奉献型人格，往往不懂如何拒绝。

**反复按指令**

等待是一件令人无聊又痛苦的事情，会加重人的心理压力，等电梯自然也不例外。虽然等待的时间比较短，但等电梯还是会给人带来心理上的压力、躁动、紧张、不安等情绪，这是非常正常的心理反应。

不过，面对等电梯时的内心躁动，不同的人有着不同的对应办法。其中最为典型的就是反反复复按电梯的指令按钮，而且按得比较用力。

从心理学角度来说，这类人基本上是雷厉风行的大忙人，对于拖拉和浪费时间的行为有一种近乎于偏执的厌恶，他们做什么事情都追求速度和效率。性格上，大多严肃而直爽，属于有什么说什么，绝不会拐弯抹角的类型。与这类人打交道不必过于担心，因为他们的性格偏于情绪化，所有情绪都摆在脸上。

# 10　打喷嚏与人的心理

打喷嚏是人体的一种常见现象，当鼻腔受到某种外界刺激时，我们就会条件反射式地打喷嚏。从生理角度来说，喷嚏的发生是无法提前长时间预知的，也是无法隐忍不发或直接避免的。可是在社交活动中，打喷嚏又是一种比较没礼貌的行为，尤其是在距离对方很近的地方打喷嚏，很有可能会把污秽物喷到对方身上。

既然人难以避免打喷嚏，那么自然就要想办法把"不雅"降到最低。不同的人在公众场合打喷嚏有不同的表现，那么这些表现背后都有着怎样的心理学玄机呢？事实上，打喷嚏也能反映出一个人的真实性格与心理。

### 极力压低喷嚏声

有些人在打喷嚏时往往会有意地压低声音，以减少自己的行为对旁人造成的干扰，在某些特别重要的场合他们甚至可以为了避免打喷嚏造成尴尬而把这种不适忍过去。由此不难看出，他们相当在意自己的公众形象。

从性格上来说，他们个性传统而刻板，但为人热情友好，崇尚无拘无束的生活。不管是与什么人打交道都会尽可能地避免冲突，在工作中他们冷静、理智而又忠诚，善于思考又兼具创造力，属于"学究"类型的人，总体来说还是非常值得信赖的。

### 遮住口鼻打喷嚏

这类人在公共场合，往往会提前准备好手绢或纸巾，随身携带，打喷嚏时先用其覆盖住口鼻再打，可以很好地避免打喷嚏时的喷出物影响到他人。

从心理学角度来说，用这种方式打喷嚏的人很细心，遇事能够将心比心地为他人考虑，在工作上他们尽职尽责，很少会因为粗心或遗忘等出现工作失误，而且其心细如尘的性格还常常能够发现其他人犯下的小错误。他们喜欢思考，常会在思考的过程中产生一些奇思妙想，不过对于自己的思想成果他们大多不愿意与人分享，而是喜欢一个人独立将其付诸实施。

**急促大声打喷嚏**

在生活中，有些人打喷嚏的声音不仅大且响亮，同时还相当急促，有时候一连打好几个喷嚏。

心理学研究表明：大声打喷嚏的人洞察力要高人一等。从性格上说，这类人做事相当干练，雷厉风行的作风使得他们在工作领域颇具优势，也更容易成为职场中的佼佼者或领导者。他们没有复杂的人际关系网，为人处世相当简单，也从不会特意去讨好巴结自己的上司或有权势的人，不愿意依赖任何人。或许正是因为这种性格，所以他们最讨厌遇到不公平待遇，最鄙视那些没能力靠关系在职场混吃等死的"关系户们"。

**轻微优雅地打喷嚏**

打喷嚏也可以很优雅哦！那么，怎样打喷嚏才算是优雅的呢？究竟哪些人可以让原本不礼貌甚至粗暴的打喷嚏变得"有范""迷人"起来呢？

　　试想，在悠闲的下午茶时间，一个衣着精致的美女坐在靠窗的桌子旁，在喝完下午茶小憩的时候，忽然打了一个轻微的喷嚏。此情此景，不仅不会给人以粗鲁之感，反而会有一种由骨子里散发出的优雅。

　　从心理学角度来说，用这种方式打喷嚏的人，其性格大多相当温和，他们举手投足之间都充满了优雅，再加上其风度，所以被公认为当之无愧的翩翩君子或芊芊淑女。

# 第九章 饮食大转盘：食物正在暴露你的内心

# *1* 小心吃相暴露你的内心

俗话说"民以食为天"，不管是身居高位的"大佬们"，还是庸庸碌碌的小人物，无论是白发苍苍的老者，还是正值年少的白领一族，每个人都要吃饭，但是人们吃饭时的吃相却是千差万别。

有的人吃饭简直像饿死鬼投生，狼吞虎咽，生怕有人和自己抢一样；而有些人不管多么饿，吃东西的时候永远都是细嚼慢咽；有些人吃饭时总是挑挑拣拣，而有些人则无法忍受浪费粮食，所以常常会尽力把自己碗里的东西都吃光……

一日三餐，不可或缺。或是美酒佳肴、觥筹交错的饭局，或是拉家常式的小聚，只要有吃饭的场合，我们就能看到众人各不相同的吃相。千万不要小看餐桌上的吃相等细节，实际上吃相不仅可以反映出一个人的某些性格特征，还与其个人经历、家庭背景等有一定的联系。如果我们能在饭桌上多留意一下他人的吃相细节，那么了解对方的性格和品行也就随之变得容易。

## 有的人食欲不振

见到任何好菜都不愿意动筷子的人，很有可能身体健康状况出了问题，比如胃肠不适、胸闷气短等，或者天天应酬，美酒佳肴、山珍海味吃得过多，所以在美食面前没了食欲。食欲萎靡之人如没有肠胃问题，那么必然经常参加各种各样的饭局，他们大局观念强，敢拼敢闯，表面上看起来温文尔雅，实际上在物质以及事业等方面的欲望很人，喜欢结交朋友，当朋友有难时也能伸出援助之手。

### 有的人绝不浪费

你身边是否有这样一类人：饭毕时，他们的盘子里永远都是干干净净，没有半点剩菜、剩饭，如果是个人性质的聚餐，每次都会将没吃完的饭菜打包带走。从心理学角度来讲，这类人崇尚勤俭节约的生活习惯，骨子里很执拗，只要认定了一件事，即便是冒天下之大不韪也会毫不犹豫地坚持到底。在工作中，他们大多做事非常有计划性，喜欢做规划，所以工作效率也比较高。

### 有的人斯文品尝

有些人的吃相永远是一斯斯文文的样子，即便是在非常少见的美食面前也不会全然不顾形象，更不会露出馋相、饥饿相等。这类人一般有着良好的家世与修养，待人接物方面有礼有节，大方而善良。他们在自己品尝食物之前，往往会先照顾好其他人，自己则放在后边，在进食时比较懂得品尝其味道以享受美食的精髓。与这类人相处轻松，他们表面上随和礼貌，很容易接近，但要想走进他们的内心却并不容易。

### 有的人狼吞虎咽

见到好菜就大吃快吃、狼吞虎咽不放筷子的人，多半自私自利，不顾他人感觉。饭桌上的一点小菜都能让他全然不顾别人，更不用说是在比菜分量重得多的利益面前了。从性格方面来说，这类人私欲太强,对朋友、对家人不够真诚,只顾眼前利益,对欲望的追求胜过一切,有时会不择手段。在社交活动中,人们一般不愿意与之交往,与其合作往往也需要超乎常人的勇气与智慧。从个人经历方面来说,吃饭狼吞虎咽的人大多幼年生活坎坷,经济条件窘困,所以一旦遇到美食、金钱、权力等就会完全丧失自控力,陷入一种疯狂追求的状态。

**有的人恭让再吃**

好菜即使放在自己眼前,也不先动筷子,而是让别人先享用。这样的人做事有理智、有头脑,遇事从不盲动而是三思后行。一般而言,他们意志力超群,随时随地都可以控制自己的情绪。与这类人交往或者合作会很舒心,因为他们能够站在对方的角度,设身处地地为他人着想,所以不管是在生活中还是工作中都颇有人缘。

## *2* 零食能反映人的真实性情

零食,顾名思义就是除了正餐之外,供人在休闲时刻吃的"零嘴"。爆米花、瓜子、花生、红枣、江米条、饼干、奶茶、奶酪、曲奇饼、糖果、绿豆糕、果丹皮、泡椒凤爪、卤鸡蛋、辣条……

如今的零食和休闲食品实在是数不胜数，种类繁多，不仅有国内生产的，还有从其他国家直接进口的零食。

虽然孩子们基本上是零食爱好者，不过零食并不是孩子们的专享。人人都有过吃零食的经历，并且很可能还在继续吃零食的路上越走越远。零食除了能够让人们在闲暇之余满足口腹之欲外，还能从侧面反映出一个人的最接近真实的性情。

**爱吃水果**

水果种类繁多，营养价值高，富含十分丰富的维生素，与众多口味各异的零食相比，水果的味道虽然有些单一，但却对我们的身体健康非常有好处。

从心理学角度来说，喜欢把水果当零食吃的人，自我控制能力都非常强悍，他们对自己的认识相当清醒，做事非常理智，有比较明确清晰的目标，一旦确定了目标就能够严格地按照计划执行。这类人活得非常明白，他们清楚自己可以舍弃什么，想要什么，需要付出怎样的努力。总的来说，他们为人处世相当理智，很少会被情绪所控制，这也使得他们看起来比较严肃、冷漠。

**爱吃糖果**

除了各种口味的水果糖，以及跳跳糖、石头糖、棉花糖等糖果以外，巧克力可谓是糖果中的一个特殊存在，它味道醇厚绵香，可以迅速给人体提供体力，不管是孩子还是成年人对于这种零食都十分喜爱。

从心理学角度来说，只喜欢吃巧克力的人逻辑性较强，同时十分擅长系统性工作，在人员组织方面颇有天赋，是天生的"管理胚子"。而对水果糖、棒棒糖、软糖等糖果都非常喜欢的人，其心性大多十分纯真，他们对生活和未来充满了美好的幻想，性格活泼而开朗，哪怕是已经不再年轻，依旧保留着一颗年轻的心。

**爱吃雪糕**

雪糕、冰激凌等冷饮是这类人的最爱，即便是在室外温度低于零度的大冬天，他们依然会抱着一桶冰激凌吃得起劲。

从心理学角度来说，非常喜欢吃冷饮、雪糕的人，一般都喜欢冒险、刺激，他们性格开朗乐观，不过其情绪并不稳定，对感兴趣的事情充满激情，遇到意料之外的挫折和困难，又很容易陷入负面情绪中。从性情上来看，他们为人做事比较情绪化，在生活上属于比较有浪漫细胞和情调的人。

**爱吃干果**

干果的种类也非常多，其中人们最常吃的有瓜子、花生、杏仁、核桃、红枣等。

从心理学角度来说，喜欢吃干果的人性格一般比较沉稳，属于办事妥帖牢靠的类型。这类人为人谦逊低调，头脑聪慧，有着超强的持久力和意志力，不容易被外界的负面环境影响，遇事有主见且独立性强，只要树立了目标就不会轻易动摇。

**爱吃糕点**

饼干、小面包、蛋糕、泡芙等零食，总的来说都属于糕点类，口味上有甜有咸，都比较受大家喜爱。

从心理学角度来说，喜欢这类零食的人性格多属于"黏液质"，他们做事严谨、待人温和，细心而又偏于保守，从心底里对冒险充满了排斥与恐惧，社交能力较强，喜欢听其他人讲话，擅长人与人之间的交流与沟通，比较适合从事诸如助理、秘书等与人打交道较多的工作。

# 3 饮食口味与性格差

在餐饮行业，人们最常说的一句话就是"众口难调"，也就是说，人和人之间的口味差异是非常巨大的。从地区上来看，南方人爱吃甜，北方人爱吃咸，四川人爱吃辣，山西人能吃酸……除了地区之间的饮食口味差异之外，个人之间的差异也不容忽视，并不是每一个四川人都是视辣如命，也有完全不能吃辣的四川人，尽管这听起来很像一个冷笑话。

美国"嗅觉味觉治疗与研究基金会"负责人亚伦·赫希博士在《你是哪种食物性格》一书中就曾指出：人们对食物的爱好和性格有联系。从心理学角度来说，一个人在饮食口味上的偏好确实能够反映出一个人的性格特点。我们可以根据人们的一些饮食口味来判断他们的真实性格。

### 爱怪味

怪味，顾名思义，就是相对来说非常稀奇古怪的味道，比如苦中带甜的一些食物、味道非常冲的芥末等。

从心理学角度来说，喜欢怪异味道的人，大多是很有才的人，性格上一般有些内向，不太爱说话，或者说他们不屑和人打交道，所以看着有些不合群，性格也比较孤傲。这类人要么思维十分缜密，要么才华横溢，总之必然会有其性格上的独到之处。

### 爱吃辣

如今，随着川菜走进了大江南北，全国人民都开始像四川人一样吃辣，火锅、麻辣类的经典名菜俘获了一大批忠实粉丝。除了部分人因为咽喉痛、痔疮等原因不能吃太辣的食物外，喜欢吃辣的人可不是少数。

从生理角度来说，辛辣食物会导致人体的血压升高、心律加快，但刺激性的辣仍然不能断绝人们对于吃辣的向往。

从心理学角度来说，爱吃辣的人性格果断，有一股利索劲，做事风风火火。他们为人热情，但因为喜欢直来直去，别人很难接受他们的好意，所以有时候常常会得罪人而不自知。他们看不惯做事情拖拖拉拉的人，为此不惜多费口舌也要管一管。他们往往脾气火暴，稍不顺心就会爆发出来，但完全不记仇，吵完就会忘记。

### 爱吃甜

还有一类人，对各种各样的甜食完全没有丝毫抵抗力。从口味上来说，甜味是一种非常美好的味道，能给人以一种心理上的安抚。

从心理学上来讲，喜欢甜味的人，一般性格开朗，乐观积极，是天生的乐天派，对所有事都持有乐观态度。他们知道自己需要什么，并勇于去追求，很少留有遗憾。心思有细腻的一面，有时会过于感性，会不经意间受到伤害。

### 爱吃咸

我们在日常生活当中，一般会将受吃咸称为"口重"或"重口"，一般从事体力劳动的人更偏爱吃咸味的食物，因为在劳动当中，人体当中的钠元素从汗液当中流失了，所以需要比常人补充更多的盐。爱吃咸的人，大多没办法再接受清淡的食物，否则会没食欲。

从心理学角度来说，爱吃咸的人性格外向，能很快融入不同环境，他们总是用开朗健谈的态度和人相处，且效果不错。他们大多抱着"小富即安"的生活态度，待人温和，享受生活。一般人缘不错，朋友很多，且与大家相处融洽，他们性情随和，不轻易刁难人，做决定时喜欢随大流，但也正是如此，所以很难在事业上身处高位。

## 4　水果与性格之间的关系

俄罗斯的专家经过反复研究认为，人对水果的偏好除了口味、习惯等原因，其性格特征也是一个相当重要的因素。

在日常的饮食当中，水果是一种老少皆宜的食物品种，可以给人体补充丰富的维生素和多种营养成分，且从口味上来说，水果口感深受大众喜爱，即便是比较挑剔的人，也能够在种类繁多的水果当中找到自己喜欢的那一款。

而且随着网购的发展，如今我们足不出户就可以在网上买到任何产地的任何水果，即便是一些非常少见的水果。

不同人对不同的水果有不同的偏好，有人喜欢吃梨，有人喜欢吃苹果，但你知道对水果的喜好与偏爱也与性格直接相关吗？很少会有人留意他人对水果的偏好，其实这一看似微不足道的小习惯，往往能够帮助我们了解对方的性格，了解对方待人处世的风格。

### 草莓

草莓颜色非常艳丽，形态也比较可爱，看起来有一种属于少女的浪漫之感，味道也十分与众不同。除了可以直接吃之外，还常用于各种糕点的装饰等。从心理学角度来说，一般喜欢吃草莓的人，大多心态相当少女，喜欢幻想不切实际的事情，喜欢像草莓一样向周围的人展示自己漂亮的外形以及柔软的内心。

### 橘子

橘子是非常典型的南方水果，其汁液丰富，味道有一种特有的清香，含有多种维生素，是对抗黑死病的天然"药剂"。从心理学角度来说，喜欢吃橘子的人，情感都十分丰富，为人处世比较情绪化，虽然很有亲和力，但却让人难以捉摸。

### 梨

梨有化痰润肺的功效。如果对这种水果爱不释手，那么其多半是个相当有才华的人，他们有着旺盛的精力，一旦下定决心就绝不会轻易放弃，在追求梦想和特定目标的时候相当执着，不过他们有时候不太听得进旁人的劝告，属于性子超级顽固之人。

### 苹果

苹果是最大众、最主流的水果品种之一。如果在水果当中，对苹果情有独钟，那么此人多半做事十分冷静，他们逻辑思维较强，喜欢有条理有计划地安排事情，再加上其任劳任怨的性格，因此在职场当中比较容易受到赏识。

## 桃子

桃也是一种比较常见的水果，常被制作成罐头。从心理学角度来说，特别喜欢吃桃子的人，其性格大多比较容易走极端，待人和善也比较合群，平时脾气平和，但一旦情绪异常就会歇斯底里，令周围人产生云里雾里的莫名其妙之感。

## 香蕉

和香蕉的柔软香甜一样，喜欢吃香蕉的人，其性格也大多温柔而富有同情心，他们多愁善感，尤其在意别人对自己的印象和评价等，所以一旦听到了某些与自己有关的负面言论，就会相当受伤。

## 葡萄

葡萄是串生水果，是由一粒一粒的果实组合而成，颜色多样，既有绿色的品种，也有深紫色的，外观十分漂亮。从心理学角度来说，喜欢吃葡萄的人，其性格也和葡萄形态很相似，喜欢热闹，害怕形单影只，只有在与同伴们聚集在一起的时候，他们内心才比较有安全感，才会一直保持乐观快乐的生活观。

## 西瓜

西瓜是夏季消夏解渴的必备水果之一，充足的水分、沙爽的口感、甜甜的味道，在炎炎夏日再也没有比西瓜更好吃的水果了。

从心理学角度来说，喜欢吃西瓜的人大多是唯美主义者，对世间万物都充满善意与美好的想象，所以即便遇到阴暗或负面的人或事，也丝毫不会抱怨。有意思的是，他们还很热衷于发表自己的长篇大论，有点教条主义，且非常不喜欢在说话的时候被人打断。

## 柚子

柚子味道偏涩，外皮很厚，剥皮比较不容易，但其营养价值很丰富。从心理学角度来说，喜欢吃柚子的人都有很强的自我意识，为了达到某种目的可以放弃或隐忍自己的真实喜好，属于意志坚忍不拔、有耐力、能够经得起考验的人，他们大多很有运动细胞，擅长某项或多项体育运动，不过性子有时候会有点急躁、冲动。

## 杏

杏也是一种比较常见的水果，常被制成酸梅等零食。杏不能多吃，吃多了容易引起胃部灼热的症状，不过这丝毫不妨碍有些人对杏的热衷。从心理学角度来说，喜欢吃杏的人，嘴巴都非常会说，遇到故意侵犯自己的人能立马"毒舌"般地反击回去，遇到心仪的异性也可以立马发动甜言蜜语的进攻。如果你以为他们是典型的"口蜜腹剑"，那就大错特错了，实际上他们心地相当善良。

## 5  吃玉米方式暴露性格

心理学家曾做过"通常怎样吃玉米"的问卷调查。玉米作为一种非常常见的食材，有非常多的吃法。既可以切成小块炖汤、炖菜吃，也可以整个的煮玉米或烤玉米吃。同样是吃煮玉米或烤玉米，不同的人吃法也有差别，有的人喜欢从中间开始啃着吃，而有些人喜欢从某一头开始啃着吃，还有一些人啃玉米没有任何规律，想到哪就啃到哪里，此外还有先把整个玉米折成两段再开始吃的人……

在心理学测试中有一种实验叫"生物透射测验"。对于一些普通寻常的生物，当它被我们赋予一定的功能和认知后，我们反而能通过它们来发现我们性格上真实的一面。日常生活当中，人们往往更容易在小事上展露真性情，这也给了我们了解他人的机会。

### 从中间啃玉米

选择从中间吃玉米的人最多，这样啃玉米也最容易、最轻松、最省事。

从心理学角度来说，这类人普普通通、平平常常，他们脾气温和，不会主动招惹别人，没有多少鲜明的个性。他们低调含蓄，不会故作惊人之举，也不喜欢被聚光灯聚集。他们勤劳但不会变通，只会按照固有的经验继续工作；他们本性善良，不会琢磨着为了升职加薪而踩别人肩膀，但也从不怕事，别人为难时会勇敢反击。他们就是中国最朴实的那群人，没有崇高的理想和远大的抱负，只想踏踏实实、平平安安地过完一生，娶妻生子，赡养父母。他们向往平淡的生活和千篇一律的工作，不喜欢大的变化。

### 啃玉米不按顺序

有些人啃玉米完全不讲究规律和顺序，他们常常拿起来就随便啃，左一口，右一口，上一口，下一口。

从心理学角度来说，吃玉米左一口右一口不按顺序的人，大脑里往往有非常多的奇思妙想，他们喜欢创新，做事不按常规，有着优秀的发散性思维，鄙视一切固有的常规化的东西。他们的大脑总是在思考，尽管是散乱的。这类人往往有惊人之举，与之相处要能承受住惊吓。他们不鸣则已，一鸣惊人，不在思考中死亡，就在思考中暴发。

### 由上往下啃玉米

这类人吃玉米时往往从一端开始，通常是从上往下啃。

从心理学角度来说，他们不拘小节，为人洒脱，喜欢新奇的事物，常常是看心情做事，一旦喜欢上了，就会全身心投入去做，哪怕遇到再大的困难都会想办法解决掉。他们开朗而阳光，总是会给人带来温暖积极的印象。乐观向上、洒脱无拘的性格让他们成为极富感染力和凝聚力的人。对待工作活力四射，总能很轻易地完成工作。对待朋友豪爽大方，有求必应，因此朋友遍天下。

### 将玉米切成小块

还有一些人爱把玉米切成小块再吃，这种做法确实会让玉米吃起来更省力。

从心理学角度来说，这类人情绪化，有些神经质。思考方式和做事风格与常人大不同。他们信服"有钱不花过期作废"的格言，物质上追求好、贵，喜欢攀比。他们注重享受，追求物质上的满足，有些虚，比较浪费，所以很难存住钱。

### 把玉米折成两半

把玉米折成两半再吃，也是一种非常常见的吃玉米方法。

从心理学角度来说，他们低调而含蓄，不会主动引起别人注意，也不喜欢被别人关注。他们喜欢跟着别人做决定，很少发表自己的意见。他们个性谨慎，从不行差踏错，谨慎的性格下面有一颗脆弱的心。他们大多比较在意别人的目光，在意别人的说法，也在意别人的评价。

## 6　酒品背后即人品

聚餐喝酒是再正常不过的社交方式之一，不过同样是喝酒，不同的人喝完之后的反应却是大不相同。

有些人喝多了，会安安静静地睡去；有些人喝多了，就开始高谈阔论地吹牛；有些人明明没醉但是总喜欢装作喝醉的样子；还有一些人，一旦喝点酒，就迅速变身"危险分子"，寻衅滋事，甚至故意挑衅酒桌上的熟人、朋友。俗话说"酒品即人品"，看一个人酒场上的表现，通过这个人的酒品，我们能发现很多深藏不露的性格秘密。

**完全不喝的人**

酒桌上时常会有几个"又臭又硬"的人，不论别人怎么劝，如何敬酒，说不喝就完全不喝酒。从心理学角度来说，这类人性格非常固执，基本上听不进别人的意见和劝告，他们性子很犟，只要是自己认准的事情，九头牛也拉不回来，更不用说别人劝酒时不疼不痒的说辞了。

**极少喝醉的人**

实际上，哪有什么千杯不醉的人。从没有喝醉的人，往往并不是酒量多么过人，而是有自知之明，知道自己容易喝醉，所以会专门少喝。这类人的自制力非常强，做事很自律，一旦许诺就会信守诺言，他们不容易受到外界的影响，为人坚定，值得信赖，而且也非常有主见。

### 总是劝酒的人

他们总是劝别人喝酒，而自己却不喝或者很少喝，通常这种人要么是主事者，像主人家一样希望大家喝得尽兴，要么就是自己不喝，劝别人多喝的人。后者是酒场"鬼见愁"，自己能喝偏不喝，等着劝着别人喝多。这类人心机较深，凡事都喜欢把自己置身事外，思维冷静，做事目标性很强，与他们交往最好要提高警惕，以免被算计。

### 大口喝酒的人

有些人喝酒很大口，用的杯子也比较大号，尤其喜欢一口闷的喝法。

从心理学角度来说，这类人喝酒豪爽，酒到就端，酒满就饮，不藏奸耍滑。喝到一定境界后，喜欢给人承诺，有求必应。不管什么场合，他们总能让气氛热闹起来。和这类人谈事情，一定要擦亮自己的眼睛，虽然表面看起来这类人很讲义气，但如果是商务上的合作等事关重大利益的事情，即便他们在酒桌上答应得很爽快，也要打个折扣来听，千万不要轻信。

### 酒后睡觉的人

有一些人，喝醉后什么话也不说，也不会吵吵闹闹，而是倒头就睡，这是大家公认的"酒品不错"。

从心理学角度来说，此类人一般人品上品，性格沉稳踏实，为人稳重，不管是在工作中还是生活里都是脚踏实地的"务实派"，为人办事牢靠，不会做不切实际的白日梦，是值得托付大事的人，也是交朋友的首选。

**酒后闹事的人**

喝醉后情绪反复无常，借酒滋事，出言不逊，骂骂咧咧，甚至还动手动脚，这是公认的酒品差的典型表现。

从心理学角度来说，这种人通常脾气比较暴躁，情绪也比较不稳定，性格很容易冲动，甚至有些愤世嫉俗，而且冲动起来没有底线，他们还常常是暴力事件的引发者。他们在受到刺激后，往往不会按常理出手，容易使小事化大，最终一发不可收拾。

**喜欢喝酒的人**

还有一些人是真心喜欢喝酒，有聚会要喝酒，独自一个人的时候也要喝点。

从心理学角度来说，这类人酒量不大，平时办事比较靠谱，稳重能干，但就是一上酒桌就兴奋。不用别人劝酒，自己就能把自己灌醉了。喝醉后，比较爱说话，尤其是喜欢吹牛，虽然他们人品不错，但肚子里藏不住话，比较隐秘、需要保密的事情最好不要交给这类人。

# 7  你喜欢怎样吃鸡蛋?

鸡蛋是我们日常生活中最常食用的一种食物,烹饪和食用方法十分多样。可以煮鸡蛋汤、做鸡蛋饼,可以直接炒鸡蛋,也能白水直接煮着吃,可以煎荷包蛋吃,也可以煮面的时候煮荷包蛋,还可以蒸鸡蛋羹……

鸡蛋的吃法很多,不过每个人偏好的食用方法却不同,有些人爱吃煮蛋,有些则爱吃煎蛋……那么,你观察过周围的朋友们都喜欢怎样吃鸡蛋吗?

千万不要以为吃鸡蛋只是一件小事情。2012 年 10 月,英国研究人员就曾研究出吃鸡蛋的方式和人们的性格类型有关。科学家们通过数学方法和一个被称为数据挖掘的过程,发现一个人的性格、生活方式与他们是喜欢吃水煮荷包蛋,还是煎鸡蛋,还是炒鸡蛋或煎鸡蛋饼等有着统计学关系。

## 炒鸡蛋

喜欢吃炒鸡蛋的人,他们内向拘谨,内心没有安全感,对外界事物抱有很大的防卫心。他们喜欢默默地和家人在一起,或者一个人发呆,很少会参加同学聚会、同事庆生等。因为性格问题,他们朋友不多,寥寥几个还常常是没什么交情的。工作中,他们很少有工作以外的话题,会认真完成自己的工作,很少和同事聊天吹牛,很安静。

### 水煮蛋

爱吃水煮蛋的人生活节奏很乱，无组织性，缺乏条理。他们抱着能应付就应付的心态工作和生活。工作没有计划，也没有系统的职业规划。这类人"头疼医头，脚疼医脚"，不作统一规划，对未来没有明确的发展方向。生活零乱，处理不好家庭关系和亲友关系，每天过得浑浑噩噩，晕晕沉沉，不知所谓。

### 煎鸡蛋

喜欢吃煎蛋的人，能严格按照制订的计划行事，计划性很强，可以在遇到突发事件时随时调整方向或方法。性格自信，不惧任何挑战，而且也很少失败。同时有着很强的想象力，缜密的思维，这使得他们做事无往不利。他们认为所有事情都应该公正对待，公正是社会必须支持的规则，所以自己也会遵循规则。遇事习惯先做规划再开始执行。

### 荷包蛋

爱吃水煮荷包蛋的人性格开朗外向，生活充满阳光，总是用积极向上的态度对待生活。工作中他们勤奋努力，遇到困难不轻言放弃。生活中他们简单轻松，这种心态往往能轻易感染人，和邻里亲友关系和睦。工作上和同事相处愉快，深得老板重用。他们追求能让自己更加快乐的事情，喜欢轻松愉快的音乐，并喜欢分享给他人。

### 鸡蛋汤

喜欢鸡蛋汤的人，往往闲不住，在他们看来，自己有着数不清的事情要做，非常勤快。同时，他们工作努力，乐于助人，不惧困难，在同事间人缘很好，大家也乐得有人帮忙。他们总是想着家里是不是还有什么没洗或没收拾，是最宜家宜室的一类人。

### 鸡蛋饼

喜欢吃鸡蛋饼的人，性格非常自律，很少会迟到，在休息天也从不放纵，仍然按照自己的作息时间安排。他们生活平淡，少有惊喜，似乎更喜欢生活在自己的世界里，很少主动拓宽生活圈。他们会把家里、工作台收拾得很干净，与这类人交朋友难免无趣。虽然他们很少会陪你喝酒唱歌，但如果你遇到困难了，他们肯定会毫不犹豫地帮把手。

## *8* 咖啡喝法反映行事方式

尽管咖啡是一种舶来饮品，不过如今已经有越来越多的人喝咖啡，并且养成了比较固定的喝咖啡习惯。

作为国际非酒精类的饮料，咖啡有着非常悠久的历史，喝法也非常多样，既有方便冲泡的速溶包，也有专门的现磨咖啡。此外，咖啡的加热方法也有不同，既可以用酒精灯加热，也可以用电咖啡壶……

对于咖啡，不同的人有不同的细微偏好和喝法，不过，你知道一个人对咖啡的喜好也能折射出其真实的性情与性格吗？

**咖啡种类偏好**

按照咖啡的大类分，基本上可以划分为三类：速溶咖啡、现磨咖啡和混合咖啡。

喜欢喝速溶咖啡：这类人性子大多懒散，力求在最短的时间内达到立竿见影的效果，非常在意效率，对品质的关注较少，因此常常"贪多嚼不烂"。他们并不是懒惰的人，只是做事求最终结果，过程则是能省就省，能少花功夫就少花功夫。

喜欢现磨咖啡：喜欢购买咖啡豆然后现磨的人大多拥有鲜明而又独特的性格，他们注重生活品质，喜欢有情调的氛围，无论做什么事都想极力表现出与众不同的样子，待人温和而有礼，不过由于其强烈的表现欲，在社交活动中常常显得鹤立鸡群，并不被大众所喜欢。

喜欢喝混和咖啡：这类人大多有着超强的好奇心与探险欲望，性格上特立独行，相当有个性，他们不想过平凡普通的生活，渴望并愿意花费大量时间来改造自己的生活，其行为方式也大多新奇而富有吸引力。

### 煮咖啡的方式偏好

有些人喜欢用酒精灯煮咖啡，这是西方一种比较古老、传统的咖啡煮制方式，这种人大多念旧，时常会回忆幼年时的种种，性格和价值观念都比较传统保守。不过他们并不刻板，骨子里往往有着朴素式的浪漫主义因子，喜欢营造古色古香的"历史"氛围。工作中规规矩矩，兢兢业业，很少会有出格举动。不过或许正是这种性格上的束缚，使得他们无法实现自己的大胆新奇观点，以至于其潜藏的创造力很难被开发出来，即便被发觉也极容易被其保守的性格所埋没。

有些人喜欢用咖啡壶煮咖啡。一般来说，喜欢用电咖啡壶煮咖啡的人忧患意识特别强，做事情总是遵循着有备无患的基本原则，能够用发展的眼光看问题，不管是生活还是工作，基本上都处在时代的最前沿。如果你想知道有什么最新的发展动态，不用辛辛苦苦看新闻，这类人本身就是一部活的百科全书。

过滤式咖啡是一种非常枯燥、单调的煮咖啡方式。喜欢用这种方式煮咖啡的人大多相当有耐心，为了获得更高的目标，他们吃得了咸盐，也抵得住口渴，属于非常有忍耐力的人。从性格上来说，喜欢过滤咖啡的人有比较明显的完美主义倾向，凡事想要最好的，而且哪怕为之付出无数汗水与努力也在所不惜。他们自控能力很强，在欲望和诱惑面前可以不为所动，一心执着于获得最好的回报。

## *9* 通过喝茶看人的心理特征

茶是中国除了酒.之外，最负盛名的饮品，有着非常悠久的历史。喝茶可以缓解消化系统的油腻，起到提神醒脑、促进消化的作用。

按照产地以及制作方法不同，茶叶的种类也是千差万别，不同的人喜欢的茶叶不同，在喝茶方式上也有巨大的差别。和咖啡一样，喝茶方式也能透露出一个人的真性情。

**不喜欢喝茶**

并不是每一个人都喜欢喝茶,有一部分人对喝茶完全没有兴趣。从心理学角度来说，这类人大多是内向型性格，不会轻易地接受他人的邀请，也不会随便附和众人的意见，尤其是对于新事物，他们更有着强烈的反抗力。他们很执拗，疑心病也比较重。与这种人交往，要避免过于莽撞，否则马上会遭到拒绝。

由于比较多疑，所以他们对外界常抱着不信任的态度，甚至会产生敌对的心理，内心思虑过重，所以他们总喜欢皱着眉。

**喝茶的地点偏好**

爱喝茶的人，在喝茶地点上又有不同的偏好，有些人爱在家里喝茶，有些人喜欢去街头茶馆去喝茶，还有的习惯去茶楼。

喜欢在家喝茶：这种人家庭观念比较强，对大千世界的兴趣不浓厚，更喜欢平平淡淡的生活。职场上，这种人一般都没有多强的事业心，很少有大作为，他们优哉游哉，生活过得有滋有味。他们内心不够坚强，有些软弱，缺乏进取意识，甘于平庸，甘于无为。

喜欢到街头茶馆喝茶：经常进出这种地方喝茶的人，大多并不是大富大贵之辈，性情多比较随和，他们包容性很强，承受力也强，特别能吃苦。在工作上，这类人非常勤奋，不怕劳累，不怕辛苦，更难能可贵的是不会偷懒，再艰难的事情他们都能坚持去做。在生活中有能力，坚强，无畏，有耐心，不抱怨，不发牢骚，能承受生活的重负。不过，这种人的灵活性较差，有时缺乏灵巧。

喜欢上茶楼喝茶：这类人要么经济非常富裕，要么就是死要面子，打肿脸充胖子的那一类。喜欢上茶楼喝茶的人，大多较专断，自我主张强烈，自尊自大，自以为是。他们争强好胜，不愿承认别人比他高明，内心不够宽广，心眼有点小，脾气执拗、固执，容不下他人意见。

### 讲究茶道

讲究茶道的人，大多内心平静，稳定，脾气温和，他们性子大多比较慢，做起事来不慌不忙，有条有理，而且非常有耐心，能坚持很长时间。这种人有恒心，注意力集中时间长，所以适合于做细致的工作。在情感上很专一，不会沾花惹草，见异思迁。

**爱喝茗茶**

喜欢喝茗茶的人，经济条件都比较富裕，毕竟茗茶一般都价格不菲。这种人大都很固执，容易和周围的人发生冲突，但在强烈自尊心的作用下，有时他又会慷慨助人。他们自我主张强烈，自尊心、自信心也特别强，深信只有自己所做的事才正确，对旁人微小的行为也有敏感的反应，如有异者，就要马上加以反对。